葡萄酒入门

THE GUIDANCE OF WINE

百尝 著

中国出版集团
世界图书出版公司
天地图书 TIANDI

图书在版编目(CIP)数据

葡萄酒入门/百尝著. —广州:世界图书出版广东有
限公司,2013.11

ISBN 978-7-5100-6985-7

Ⅰ.①葡… Ⅱ.①百… Ⅲ.①葡萄酒－基本知识
Ⅳ.①.TS262.6

中国版本图书馆CIP数据核字(2013)第235940号

责任编辑:梁 坚
特约编辑:梁俏茹
装帧设计:梁盈莹
排　　版:徐锦梅
插图摄影:林 德 百 尝
出版发行:世界图书出版广东有限公司
　　　　　(广州市新港西路大江冲25号 邮编:510300)
电　　话:020-84469182
http://www.gdst.com.cn E-mail:edksy@qq.com
经　　销:各地新华书店
印　　刷:深圳市彩轩印刷包装有限公司
　　　　　(深圳市福田区八卦三路路532栋4楼东)
版　　次:2013年11月第1版 2013年11月第1次印刷
开　　本:787 mm×1092 mm 1/16 23印张
字　　数:120千
书　　号:ISBN 978-7-5100-6985-7/TS·0057
定　　价:82.00元

购书热线:020-61278808

饮酒说

苏轼

予虽饮酒不多，然而日欲把盏为乐，殆不可一日无此君。州酿既少，官酤又恶而贵，遂不免闭户自酝。曲既不佳，手诀亦疏谬，不甜而败，则苦硬不可向口。慨然而叹，知穷人之所为无一成者。然甜酸甘苦，忽然过口，何足追计！取能醉人，则吾酒何以佳为？但客不喜尔，然客之喜怒，亦何与吾事哉！

元丰四年十月二十一日书

作者简介

百尝，原名顾吉友，山东蓬莱人。20世纪90年代开始投身饮食行业，尤其专注于葡萄酒专业发展，考有香港葡萄酒从业认证资格，并定期造访世界各大葡萄酒产地。

2004年开始在《深圳商报》"文化广场"撰写每周一期的葡萄酒文化专栏至今，同时为国内、香港葡萄酒杂志撰稿，计有《酒典》《酒尚》《餐饮世界》《美食天下》《WINE》等，广为各大葡萄酒网站转载。葡萄酒博客"山巅一寺一壶酒"至今共发布360余篇文章、过千款的葡萄酒点评，博客访问人次超过230万，一直保持同类博客的最高点击率。

2006年于深圳创立并经营尚书吧文化传播公司，创造性地将旧书店和葡萄酒相结合，成为深圳文化地标。2011年于深圳

创立香贝田酒业公司，致力于葡萄酒教育和培训事业。

多年来多次以评委身份参与国际、国内各大酒展，2011年、2012年《WINE杂志》年度"金樽奖"评委，2012年国家重点实验室广州黄埔海关特聘感官检验师，2012年广东省高级葡萄酒品鉴师。

※作者收藏之秦汉"百尝"印

笔名"百尝"之由来

《左传·成十七年传》有言："君尝使诸周而察之"。杜注："尝，试也。"故"百尝"意指处事要勇于探求、试验，以求取正确的认识。

目 录

第三章　品尝篇

第一节　葡萄酒色香味的形成···114

第二节　葡萄酒的品味···132

第四章 品评篇

第一章　定义篇

※葡萄种植历史久远

第一节　历史发源

葡萄酒的发源

一般认为，在公元前六七千年的新石器时代，葡萄酒发源于美索不达米亚平原及高加索地区，自此以后，黑海沿岸最早孕育出葡萄酒文化。

南高加索、中亚等地的人们经历了采集野生葡萄、有意识地驯化野生葡萄、有规模地种植栽培葡萄等阶段，后来葡萄酒文化沿地中海经今叙利亚一线传入了埃及。

在古埃及法老王时代，尼罗河岸的葡萄种植与酿造技术已趋于成熟，并发展成一门独立的学问，流传至今的金字塔内的浮雕描述着葡萄种植与酿造的整个过程。最初，葡萄酒的重要性只表现在祭祀方面，在埃及这个阶级严明的社会，葡萄酒只能在法老宫廷和富商的宴席上才喝得到。中下层民众间更盛行啤酒。

公元前2000年，巴比伦哈默拉比王朝颁布的法典中已经有关于葡萄酒买卖的条文，说明那时候的葡萄酒业已具规模。

葡萄酒古典时代的第一个繁盛时期：古希腊

有文献记载的希腊葡萄酒酿造历史至少可追溯至公元前1500年，航海家们从尼罗河三角洲带回了葡萄，并开始酿造葡萄酒。在所有古老的文明里，酒最初都和祭祀有关，因为喝酒能改变人的意识，因而被视为是一种神圣的行为，能够使人更接近神灵。最神圣的希腊仪式是共饮会，这也是希腊古典时期的特色，被称之为"男人间的轮番饮酒"。古希腊人认为稀释葡萄酒是文明的象征，也有助于避免酒醉，因此人们会将酒稀释，通常葡萄酒和水的比例是1：2或1：3；他们还在葡萄酒中加入蜂蜜，使葡萄酒变甜后饮用。

希腊文明发端于岛屿，缺乏土地，经济领域依靠海上贸易，农业也趋向于发展葡萄酒、橄榄油等经济类作物。伴着海疆的拓展，葡萄酒文化在地中海沿岸推广开来。

和西方现代文明的起源一样，葡萄的种植与酿造在古希腊时代达到第一个繁盛时期，希腊神话和诗歌中皆留下了许许多多的文字来称颂这一大自然的产物。

希腊人创造了专司葡萄酒之神祇——戴奥尼索斯（Dionysus），亦为果实之神与喜悦之神。葡萄酒也成为祭祀仪式以及庆典狂欢时的必需品。再加上公元前5世纪的医药鼻祖希波克拉提斯（Hippocrates）视葡萄酒为具治疗性的药品，认为其能够促进身体健康，自此以后，葡萄酒和其他酒精性饮料随着爱琴海文明而发扬光大。

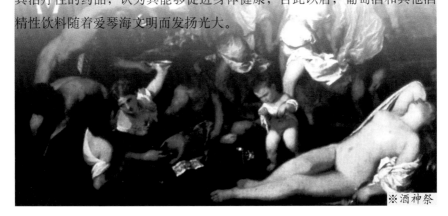

※酒神祭

葡萄酒古典时代的第二个繁盛时期：罗马帝国

罗马人从西西里岛、意大利南部承接着希腊人的恩泽，将葡萄的种植和酿造覆盖至整个半岛。他们在地中海繁盛的贸易往来中，葡萄酒也是重要的商品之一，当时的文献记录了叙利亚的葡萄酒大量进口到罗马本土。

罗马人继承和发扬了葡萄的种植和葡萄酒酿造技术，只是对酿造科学的认知仍然有限，口味与今天的葡萄酒相距甚远。他们会纯饮，也会混水喝，甚至加入各式各样的香料或调味品，像蜂蜜和松脂，偶尔也用石灰或大理石、石膏，好增添另外一种风味，或让酒看起来乳白些，不够甜的话还会加铅酿造。铅原料的过分使用被历史学家认为是罗马帝国灭亡的重要原因之一。

罗马人的酒神名之曰：巴古斯（Bacchus）。

虽然公元前5、6世纪前后腓尼基人创立马赛时便将葡萄带入当地，不过真正有系统地在高卢地区（Gaul）即今天的法国作全面推广的却是罗马人。公元1世纪时葡萄树已经遍布罗纳河谷（Rhône Valley），2世纪时葡萄树出现在勃艮地（Bourgogne）和波尔多（Bordeaux），3世纪时抵达鲁瓦尔河谷（Loire Valley），4世纪遍及香槟区（Champagne）。

※酒神巴古斯

※波尔多葡萄园

公元4世纪初，罗马皇帝君士坦丁（Constantine）正式公开承认基督教，而弥撒典礼中需要用到葡萄酒，更加助长了葡萄的栽种和葡萄酒的酿造。

到中世纪，同欧洲许多其他的艺术形式如音乐、绘画、文学一样，推动葡萄酒文化发展的也是教会和僧侣。在圣经中，葡萄酒被认为是上帝的血，因此成为了宗教仪式中不可或缺的道具，同时也是享乐和奢侈的象征。修道院如勃艮地和莱茵高的本笃会（Benedidictine）及西多会（Cistercian）等，对葡萄种植与葡萄酒酿造做出了影响深远的贡献。公元800年左右，酿酒师这个职业即散见于文献史料之中。

日耳曼的查理曼大帝（Charlemagne）堪称葡萄种植技术最重要的改革者之一，他不但推广葡萄的种植，而且颁布了必须遵循的葡萄酒酿造程序的法令。

但是，和基督教不一样，伊斯兰教反对葡萄酒，认为这种饮料会导致信徒身体和灵魂的迷失和错乱。正是后来伊斯兰教和基督教势力、领土的争斗，决定了今日世界葡萄酒的版图。

葡萄酒古典时代的第三个繁盛时期：英格兰的影响

※罗曼·康帝葡萄园

　　到了中世纪晚期，欧洲的经济、文化领域发生了许多重大的变化，城市与贸易路线开始出现，促成现代英语与罗曼斯语的诞生，葡萄酒工业也顺应市场而兴起。

　　10世纪时，法国香槟酒已经闻名于世，传统用于加冕礼，被视为皇室用品。法国自12世纪已经外销葡萄酒到英国等地方。13～14世纪时，世界人口激增，商业发达，葡萄酒的需求量大增，德国莱茵兰（Rhineland）与匈牙利的托凯区（Tokaji）也出现葡萄园。1398年意大利北部的托斯卡纳（Toscana）首度出现白葡萄酒——奇扬第酒（Chianti），恰巧与今天著名的奇扬第红葡萄酒同名。

　　1395年，勃艮地公爵"大胆的腓力"（Philip the Bold）下令勃艮地只能种植黑皮诺（Pinot Noir）葡萄，因为另一品种佳美（Gamay）葡萄酿出的酒味道差、带有苦味，败坏勃艮地酒的声誉，他命令将这种葡萄驱逐出他的领地。

14世纪的时候，法国波尔多主教做了教皇，由于政治原因在法国南部的阿维农（Avignon）建立了城堡以示取代罗马教皇。这被称之为"教皇的新城堡"（Châteauneuf du Pape），周围是大片的葡萄园。

后来，十字军东征更进一步促成葡萄酒业的发展，因为上战场而离家的贵族，通常会将葡萄园捐赠给教会，希望僧侣能祈祷他们凯旋而归；若不幸死亡，他们的家人也会捐献葡萄园，请僧侣为死者的灵魂祈祷。到了中世纪末，西多会修士拥有的葡萄园已居欧洲之冠。法皇路易七世曾协助他们的葡萄酒免于货运税和销售税。葡萄酒也被用来当作货币，士兵的配给经常包括葡萄酒。

法国、德国、意大利、西班牙等现今被称为"旧世界"的葡萄酒产区，从那时开始成形、发展，慢慢成为了独立的且各具特殊风格的葡萄酒产地。

17世纪随着商贸和航海技术的发展，世界贸易空前活跃起来。中美洲的可可、阿拉伯的咖啡、中国的茶、欧洲的葡萄酒，皆成为世界性的产品。在18世纪之前人们对酒精发酵原理并不清楚，也无法将酿出的酒长期保存。在罗马时代，酒一直被存放于木桶、陶罐内，但随着玻璃吹制技术的发明、木瓶塞和开瓶器的出现，人们开始用玻璃器皿来盛放、运输

※橡木桶的使用对葡萄酒发展意义重大

和饮用葡萄酒。可以说，利用橡木桶作为酿造和储存的容器、玻璃酒瓶的发明、软木塞的使用，成为葡萄酒发展的里程碑，葡萄酒的质量开始逐渐达到高品质以及更长保存期的目标，也更适于运输，葡萄酒的商业价值得以弘扬。

※波特酒

葡萄酒业的兴衰与英格兰人具有密切的联系，大英帝国军事和贸易政策刺激了欧洲葡萄种植业的发展，也决定着葡萄酒的品味。英格兰人不仅促使波尔多成为葡萄酒生产的重镇，也催生了波特酒（Porto，葡萄牙）、雪莉酒（Sherry，西班牙）、马沙拉酒（Marsala，意大利西西里岛）以及干邑白兰地（Cognac，法国干邑地区）的酿制，使很多地方成为新的葡萄酒产地。

经过几个世纪的历史积淀，葡萄酒的酿制工艺在欧洲达到了炉火纯青的地步，18~19世纪相继出现的各种法定产区制度更是对葡萄生长的风土条件、气候、品种和酿造过程作了严格的规定，葡萄酒从而一改其原始粗砺的面目，走向精致优美。法国在酒类分级制度上颇具代表性，其复杂程度甚至达到令消费者厌倦的地步。但正是这些严苛的规定，使得法国葡萄酒具备多样的风格和品质的保证，成为葡萄酒世界的个中翘楚。

伴随着发现新大陆、战争和贸易带来的移民潮，美国、澳大利亚、智利、阿根廷等地开始种植葡萄，这些被称作"新世界"的葡萄酒产区和传统的欧洲"旧世界"产区之间的竞争也由此开始。

现代葡萄酒的兴起：法国人的贡献

在现代葡萄酒学的发展历史中，有一位被称作"葡萄酒酿造学之父"的伟大人物：刘易斯·巴斯德（Louis Pasteur，1822-1895），正是他奠定了现代葡萄酒学。他是一位法国的微生物学家、化学家，发明了巴氏杀菌法，开创了近代微生物学，而他对葡萄酒酿造的最大贡献是发现了酒精发酵的原理。在美国学者迈克·哈特所著的《影响人类历史进程的100名人排行榜》一书中，巴斯德名列第11位。

那么，现代葡萄酒学中的葡萄酒定义是什么？

简单而言，葡萄酒指的是经过发酵的葡萄汁。发酵的化学公式如下：

糖 ＋ 酵母 ＝ 酒精 ＋ 二氧化碳

酒的起源是从野生水果在成熟之后曝晒于阳光下而发生自然发酵作用开始的，葡萄酒也是如此，换言之，它可以酿造它自己。

成熟的葡萄含有天然的水分、果酸、糖，表皮的白色果霜则含有诱使酵母菌生长的营养成分，因此葡萄可以完全不用人工添加任何辅助物质，而能够自然完成发酵过程，并生产出一种含全天然酒精的饮料，即葡萄酒。

※葡萄酒在瓶中陈年

　　葡萄的颜色指的是葡萄皮的颜色，来自于皮中的花色素和丹宁成分，只有少数的染色品种果肉才含有色素。葡萄色素成分复杂，因品种不同，色调各异，主要分为红、白两种：白、青、绿、黄等颜色的葡萄统称为白色品种；红、黑、紫、蓝等颜色的葡萄统称为红色品种。

　　这也便形成了葡萄酒最基本的三种类型：

　　将红色果皮和葡萄汁浸泡一起发酵，色素溶解在酒里的，叫做红葡萄酒；

　　去皮只是发酵葡萄汁酿出的酒，叫做白葡萄酒；

　　利用特殊方式将发酵过程产生的二氧化碳保存在酒里的，叫香槟或者气泡酒。

※蓝色葡萄属于红色品种

葡萄酒的定义

葡萄酒最简单的定义就是：用葡萄酿制成的含酒精的饮料。根据国际葡萄与葡萄酒组织（OIV，1996）的规定，以及我国国家标准GB/T17204-1998《饮料酒分类》等效采用的定义，葡萄酒是由破碎或未破碎的新鲜葡萄果实或葡萄汁经完全或部分酒精发酵后获得的饮料，酒精度不能低于7.0%。1971年一份欧洲共同体的官方文件对葡萄酒所下的定义是：葡萄酒是把压榨葡萄果粒所得的葡萄浆或葡萄汁，充分或部分地发酵过后，所得的一种含酒精的产品。由此看来，葡萄酒的几个关键词是：葡萄，葡萄汁，发酵，含酒精的饮料或者产品。

但是，定义是宽广而具包容性的，法律条文、酿酒规范同样如此，只要符合一般规定而做出来的"产品"都可以冠上"葡萄酒"的名称，但是在酒的质量方面却并不能同样作出保证。

传统的葡萄酒产国都制定了专门的保障葡萄酒质量的法令制度，而且几乎都是以葡萄的产地来作为品级评判的标准。为什么呢？那是因为好的葡萄酒首先需要好的葡萄，亦即是说要酿制出好的葡萄酒首先需要种出好的葡萄来。而葡萄是一种需要特定生长条件的农作物，地理位置、生长季节、日照天数、葡萄品种、土壤、水文、气候等都是决定因素。

酒乃人类在饮食方面的伟大发现，是人力

※Romanée Conti

※Dom Pécignon

之所及创造出的迥异于自然味道的食物。中国酒类酿造的历史在世界上也属极早，但技术进步不大。《淮南子》云："清醯之美，始於耒耜。"耒、耜，农具也。晋代江统在《酒诰》中即指出了酒产生的原理："有饭不尽，委于空桑，郁积成味，久蓄气芳，本出于此，不由奇方。"可知中国酒起源于农业之初，且以粮食酒为正宗。

我国也有葡萄原生品种，但酿酒葡萄却是外来的。《史记》："大宛以葡萄酿酒，富人藏酒万石，久者数十年不败，张骞使西域得其种还，中国始有。"我国唐朝时期，农业已有很大进步，葡萄的栽培及葡萄酒的酿制达到鼎盛，但自宋朝就逐步衰退了。现代葡萄酒的历史始自清末，由烟台张裕酿酒公司的创办人张弼士先生大量移入欧洲种葡萄开启。

所以，何谓葡萄酒？

※Scharzhof

※Clos de la Chapelle

葡萄酒是从种植葡萄开始，经过发芽、抽叶、开花、结果等生长的过程，然后在成熟的时候被采集，并迅速压榨，经过发酵而成的含酒精的饮料。

史前时代，葡萄酒就已经存在了，其历史几乎和人类的文明一样长久，其文化内涵如同艺术品般引人入胜，其类型之丰富多姿更是包括其他酒类在内的任何饮料所无法比拟的，因此，我们应该对葡萄酒有更多的了解和更高的要求。

※黑皮诺葡萄

第二节　奇妙的葡萄

葡萄的种植与生长过程

葡萄应该算是最具动物性的一种植物了。

从植物学上的分类来说，葡萄科是独立的一个类别，它的特性与其他农作物有很大的差异。现代意义上的葡萄酒在种植和酿造方面多得益于法国，而英国人对葡萄酒口味的形成居功至伟，这与西方的军事、贸易、文化的影响力密切相关。

决定葡萄酒的品质有几大因素：气候、地理、水文、葡萄品种、葡萄园栽培管理以及酿造技术。但最主要的因素是人：种植者以及酿酒师。

葡萄园的建立是葡萄种植和酿造的重要阶段，酿酒葡萄需要细心的栽培以及耐心的照顾，从葡萄园的位置、微气候、土壤结构、葡萄品种、种植密度乃至每一年的剪枝摘果都对葡萄的生长产生重要影响，最后葡萄的成熟度以及收获量更决定了酒的价值。

※葡萄属攀援类植物

植物和动物都是以繁衍生息为目的。葡萄属木质藤本攀援类蔓性植物，根系强壮，枝叶繁茂，营养器官发达，生长旺盛。一般植物的进化基因决定了其在生长过程中会将营养最大限度地保留给果实，但葡萄不会，那是因为葡萄的繁殖方式有两种：一是有性繁殖，也就是通过种子不断繁衍；二是无性繁殖，由于葡萄枝蔓的节间又能生根，通过嫁接或者插枝也能够存活。所以对葡萄而言，开花结果并非它生命里的唯一要务。

既是攀援属便易生攀比之心，总要比所依附者高出一头才善罢甘休。

※Ch.La Mission Haut-Brion（格拉夫）4月的葡萄园

※葡萄

※霞多丽葡萄（贺兰山）

※波尔多普依雅克葡萄园

它宁愿多长些枝蔓、主蔓、侧蔓、新梢，那是它的脚，脚越多生命便可以走得更远；多生些叶片和卷须，则可爬得更高。

葡萄的根为肉质根，可贮藏大量的营养，没有主根、只有粗壮的骨干根和分生的侧根及毛根，土温适宜时根系可四季生长而无休眠期，春天大地刚回暖，芽叶都还没萌发，葡萄的根系便已开始吸收水分和营养。如果前一个冬天有剪枝的话，这些养分便会从剪口处溢出，称作"伤流液"。

葡萄从野生变成经济作物经历了一段很长的驯化过程，或许没有从狼到狗、从野猪到家猪那般艰难，但是也绝不容易。

在自然界中野生葡萄的果皮颜色都是深色的，极少有白葡萄。科学家们相信白葡萄来自深色葡萄的基因突变，变异品种的自然杂交和人类的有意培育才产生了今天白色品种的葡萄。

葡萄树的一年

和大多果树一样，葡萄树的生长过程同样是以繁殖周期为中心，年复一年地循环。2、3月份春天来临，气温回升，葡萄树的根部从冬眠中苏醒，开始新一年的工作；4月苞芽萌发、枝叶开始生长；然后5月开花、6月开始结果，无论什么品种的葡萄刚结时的果实都是绿色的；7月的炎夏是必须经历的阶段，直到8月进入转色期，红葡萄品种产生表皮的红色素，白葡萄品种则产生黄酮素；9月糖分增加、酸度降低，葡萄开始成熟；10月当葡萄的糖度达到酿造要求并

※春芽（奥比昂酒庄）

且酚类物质也足够成熟时便开始采收，之后就是酿酒的时间了，此时葡萄叶开始变色、枯萎、飘零落地；11月份便需要着手整枝，修剪已经停止生长的茎干；直到冬天来临，葡萄根进入冬眠期，等待下一个春天的到来。

※7月的葡萄园（Chambertin Grand Cru）

※10月初的葡萄园（圣爱美隆）

※10月末的葡萄园（Vosne Romanée）

　　葡萄树分为3个基本功能区：根区、树冠区、结果区。根区对树体起支撑和汲取水分、营养的作用；树冠区进行光合作用，负责生产碳水化合物即糖分，并输送给枝蔓和果实；结果区负责繁殖也就是长出葡萄，累积风味物质和糖分，酒精就是葡萄糖经发酵转化的产物，也就是葡萄酒的由来。

※德国陡峭山坡的葡萄园

年份

　　葡萄是农作物，每一个生长阶段都会受到天气的制约和影响；葡萄酒属于农产品，影响其品质的关键因素是天气，即是葡萄生长的5个阶段——开花、结果、转色、成熟、收成时天气的状况，这也是葡萄酒为何会有"好年份"与"坏年份"的原因。特别是旧世界产区高等级的葡萄园，由于地形或者法规制度等原因，气候的影响更为重要。而新世界产区有旧世界的经验可循，在葡萄园的选址以及人工灌溉工程与葡萄种植同步等有利条件下，葡萄酒年份的差异就不是那么明显，也不是那么重要。

　　也正因为是农作物，葡萄的种植和酿造有其既定的产区，不同的品种都需要特定的气候条件才能够适应成长要求，使果实保持品种特性，反映产区风土，并在酿成的酒中体现出来。对于优秀的葡萄酒来说，除了基础的大环境气候条件，葡萄园区域性的微气候也非常重要，即葡萄园的地形、走向、坡度、向阳度以及附近的水域等小环境因素。

土壤

葡萄园的土壤因素包含了土质类型、厚度、砂石组合、成分、营养条件、储水和排水的能力等，近些年的研究表明，某些条件下土壤的物理组成甚至比化学组成对葡萄酒的影响更大。

葡萄对土壤的适应性很强，它的根有能力深扎土层下达至数米，但是，如果表层土壤肥沃的话，葡萄就表现出既贪馋又懒惰的动物性来，既不会往深处扎根，又多生枝叶，挂果也多，结果便难以保障每一串果实的成熟。所以葡萄的种植需要人的大范围参与，从葡萄园的选址、栽培、种植密度、剪枝、摘叶、挂果的数量都需人力控制，让葡萄树合理地"分配"营养，以结出符合酿造要求的葡萄来。

土壤的特性和能带给葡萄酒复杂口感的元素往往蕴藏在深土层的矿石组合中，所以好的葡萄园都是建立在表层贫瘠的土地上，以求让葡萄尽力往地下扎根，而且一般来说葡萄种下3～4年之后的果实才适合酿酒，而要酿出体现土地精华、具有良好品质和典型风格的葡萄酒，树龄起码要超过10年。这也就是很多葡萄酒会注明葡萄树龄、强调老树的原因。

※Chambolle-Musigny葡萄园

老藤

在国内，老树葡萄曾经被一些酒厂炒作过。葡萄树龄确实是影响葡萄酒质量的一个因素，较老的葡萄藤所生的葡萄，营养成分更丰富，风味也较浓郁，酿制出的酒更具层次与韵味。这是因为随着葡萄树的不断生长，树根就会越来越深入土壤层，而土壤是分多层次的，每一层土壤的组成和性质都不同，其中蕴含的矿物质也不尽相同，老葡萄树根可以穿越多重的土壤，汲取丰富多样的矿物质，从而带给葡萄酒更复杂的香气和多层次的口感。

植物也有生老病死的过程，葡萄树的平均寿命大约为60年，依品种、产区气候及人为照料因素而有所差异。一般来说，葡萄树栽种后3～4年才开始收成可以酿酒的葡萄，7～8年才会结出质量较好的果实，15年树龄才能够保持质量的稳定，之后的30年则是成年期，葡萄树进入全盛的生产阶段，扎根渐深，吸收丰富的矿物质，因而可酿造出拥有产区地质、气候所赋予的特有风味的葡萄酒，而且具有很高的陈酿价值，从而也带来更高的经济价值。

※滴金酒庄葡萄树

葡萄树在迈入50岁之后，便开始进入衰老期，活力渐弱，产量递减，但是也因为产量少了，营养更集中，葡萄不论在色泽或口感上都更加浓郁，酒也展现出更多的面向来。

葡萄树的寿命可达百年以上，旺盛的结果能力可持续数十年，而以15～45年为最佳，有点像人生的轨迹，或许这也是葡萄酒相比其他酒类更让人亲近的一个原因。

法国波尔多顶级酒庄的葡萄树树龄一般都在30～50

※黑皮诺60年老藤

年，而罗纳河谷、勃艮地一些葡萄园会保留更老一些的葡萄树，有些酒庄也会在酒标上注明老藤葡萄，但这一点在法律上并没有严格的规范。倒是因为法国葡萄的种植和酿造受到政府严格的监管，包括种植的行数、株数和产量都在管制之列，而且多开垦葡萄园几乎是不可能，在发展空间有限的情况下，法国葡萄酒园并不倾向于保留太多产量少的老树。

澳洲以及阿根廷都有许多酒庄以百年老树作为噱头，这是由于当地的天气相对干燥，葡萄树的寿命比较长；而且这些地方地广人稀，虽然有大量从前的欧洲移民带来并种下的葡萄树，但因为不乏新的土地让后人开垦，所以老树能大限度地保留下来。但是大家要明白的是，老树并不是重点，重点是这些葡萄树当初是否种对了地方。毕竟根据气候和土壤分析然后科学地种植葡萄，是许久以后才发展起来的学科，对没有悠久的种植和酿造历史的产区来说，老树葡萄并不一定就是质量的保证。

第三节 葡萄酒酿造及其类型

《清稗类钞》葡萄酒条云："葡萄酒为葡萄汁所制，外国输入甚多，有数种。不去皮者色赤，为赤葡萄酒，能除肠中障害。去皮者色白微黄，为白葡萄酒，能助肠之运动。"其实早在汉、唐时期，葡萄酒已经从西域传入我国。

葡萄酒的生产特点

第一，以新鲜葡萄为原料，利用天然酵母或人工培养的酵母发酵制成的酿造酒。

第二，不同的葡萄品种、不同的生产工艺，可以生产出不同品种、不同质量的葡萄酒。

第三，发酵后的酒，经过陈贮、澄清、杀菌、过滤、调配等工序，才装瓶出厂。

葡萄酒的种类

白葡萄酒（White wine）

当葡萄被采收以后，经过榨汁、过滤果皮的工序，只发酵葡萄汁酿出的酒就是白葡萄酒。

桃红葡萄酒（Rose wine）

将红色品种的葡萄榨汁之后，果皮只做短时间的浸泡，稍微染色，然后就像白葡萄酒一样酿造而成，简单怡人，风味清爽。

红葡萄酒（Red wine）

※白葡萄酒和红葡萄酒

红葡萄酒酿造与白葡萄酒最大的不同在于，红葡萄酒需要萃取葡萄果皮中的色素与丹宁物质，所以酿造时果皮甚至葡萄梗需要浸渍在葡萄汁里面，一起进行酒精发酵过程，发酵完毕之后再将皮渣过滤开来。

发酵完成之后，一般来说白葡萄酒或桃红葡萄酒很快就可以装瓶上市了，而对大多数红葡萄酒以及部分高级别的白葡萄酒而言，还需要经过乳酸和苹果酸的发酵程序以及橡木桶的培养，这几个环节对酒的品质和风味有着决定性的影响。

香槟和气泡酒（Champagne/Sparkling wine）

※香槟

二氧化碳是酒精发酵现象的副产品，经由特殊的方式将其留在酒液中就成为充满气泡的气泡酒。

Champagne是法国的地名，基于原产地保护的政策，只有这里生产的气泡酒才能够称之为香槟（Champagne），别的地方即使以同样的方法生产只能叫做气泡酒（Sparkling wine）。

甜白葡萄酒 (Sweet white wine)

由于葡萄的果实可汇聚高达40%重量的葡萄糖，而酵母发酵有酒精度的极限，超过15%的酒精便会杀死天然酵母菌从而停止发酵进程，导致不是所有的糖分都转化成酒精，所以采取延迟采收的策略，让葡萄果粒积聚更多的糖分，那么残留在酒里的糖分便会越多，这称为晚收成葡萄酒（Late harvest wine）。

在某些拥有特殊环境的产区，比如波尔多近河的苏玳（Sauternes）、匈牙利的托凯区以及德国的莫塞尔流域，有一种灰色的葡萄胞菌（Botrytis Cinerea），当它侵袭葡萄果粒的时候，其芽胞会穿透果皮造成很多小孔，导致水分蒸发、葡萄萎缩，从而使糖分更加集中。这种胞菌对人体无害，其分解的物质还能增加酒的芳香以及味道，因得之不易，通常价格昂贵，故美名曰贵族霉，酿出的酒则称为贵腐酒（Botrytis Cinerea或Noble rot）。如果延迟至冬天下雪之后才采收葡萄用来酿酒，则称之为冰酒（Icewine）。

※贵腐葡萄

这类通过从天然的葡萄中获得高含量糖分酿造而成的酒统称为甜白葡萄酒。

甜白葡萄酒知名的产区除了法国的波尔多和阿尔萨斯，还有属高纬度寒冷产区的德国、匈牙利、奥地利和加拿大等。

酒精强化酒（Forfied wine）

用人工添加白兰地或酒精来提高酒精度的酒称之为加强干葡萄酒；除了提高酒精度，同时加糖提高含糖量的称之为加强甜葡萄酒。它们的产生都与贸易及长途运输相关。

最著名的酒精强化葡萄酒有波特酒、雪莉酒、法国的彼诺甜酒（Pineau de Charentes）以及马德拉酒等。

葡萄酒的其他分类方法

标准葡萄酒和特种葡萄酒：加甜、加香、加酒精者称之为特种葡萄酒。标准葡萄酒根据二氧化碳的压力分为气泡酒和静态葡萄酒。静态葡萄酒根据颜色再分为白葡萄酒、红葡萄酒和桃红葡萄酒。

※阙歌红葡萄酒

而根据糖分的含量可分为：干型葡萄酒，每升酒含糖量小于4克；半干型葡萄酒，每升酒含糖量为4～12克；半甜型葡萄酒，每升酒含糖量为12～50克；甜葡萄酒，每升酒含糖量大于50克。

何谓"干"？"干"乃英文"Dry"的翻译。"干"在酒类术语里有两种意义：在烈酒与鸡尾酒中指的是"烈、酒精度高"的意思；在葡萄酒中指的是"甜的相反"，也就是"不甜"的意思，酒愈不甜的口味即是愈"干"。

※葡萄酒架

第四节　世界葡萄酒产区分布

世界主要的葡萄酒生产地区

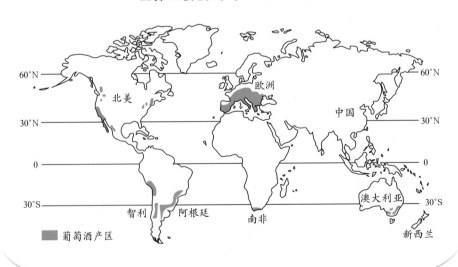

第二章　正名篇

※法国

第一节　法国葡萄酒法定产区命名制度的建立

19世纪前半期是欧洲葡萄酒酿造业的黄金时期，商业因素以及发达的船运和铁路网络皆促进了葡萄酒业的发展。然而不久后，来自美国的葡萄根瘤蚜虫（Phylloxera vastarix）带来了覆灭性的危机，几乎摧毁了整个欧洲的葡萄园，最后种植者将法国种的葡萄树接枝到美国土生的葡萄树根上才停止了这场灾难。

蚜虫危机直接导致了葡萄酒的缺乏，造成假酒和人工酒的泛滥。为了遏止这种不当行为，法国政府于1889年通过立法明文规定葡萄酒的定义为"新鲜葡萄或新鲜葡萄的汁经过全部或部分发酵后所得到的产品"，并于1905年成立"假酒防范部"。

蚜虫危机之后，欧洲葡萄园的重建和过度发展带来了生产过剩，造成葡萄酒价格大幅下跌，1907年的价格暴跌甚至在法国中部引发了由"葡萄酒皇帝"Marcelin Albert领导的葡萄果农的暴动。

第一次世界大战虽然让葡萄种植进入另一个低潮期，但是战后情况很快得到改善，20世纪30年代又再次出现生产过剩。法国当局不得不再次插手干涉，立法严禁葡萄产量过高以及新葡萄园的开辟和栽种。

第一个真正的变革发生在法国南部罗纳河谷产区的教皇的新城堡。由于这里的葡萄酒质量上乘，所以一直都是假酒、仿冒酒最大的受害者。1923年在目光远大的Fortia酒庄主人Baron Le Roy的倡导下，葡萄农自行划定产区的范围，并且制定了该种植何种葡萄品种、如何种植以及产量、最低酒精含量等关系到葡萄酒品质的重要细项，奠定了法定产区保护命名制度建立的基础。

1935年，法国农业部门以此为蓝本，订立法定产区葡萄酒法规，所有上好的葡萄酒都由法定产区命名（Appellations d'Origine Contrôlée, AOC）的法例所管制。这一法例涵盖了整个葡萄酒生产过程，从土壤、品种、种植、采收、酿造到装瓶、酒标等每一细节都有规定，并严格监管每一环节，包括销售、流通，从而保证了法国葡萄酒的质量，也保障了消费者的权益。1949年通过"优良地区餐酒"（Vin Délimités de Qualité Supérieure, VDQS）管制法例的执行，1979年又设立机构管制"地区餐酒"（Vins de Pays, VdP）和"日常餐酒"（Vins de Table, VdT）。

法国葡萄酒法定产区命名制度

Vins de Table (VdT)：日常餐酒；

Vins de Pays (VdP)：地区餐酒；

Vins Délimités de Qualité Supérieure (VDQS)：优良地区餐酒；

Appellation d'Origine Contrôlée (AOC)：法定产区葡萄酒。

※教皇新城堡
Château Simian

AOC制度并不能保证葡萄酒的生产质量，但它对基本的生产原料及生产工艺进行了规定。这些标准存在于以下7个方面：

土地：根据几个世纪以来土地利用面积的记录以及土壤条件、结构及海拔等因素来制定合适的葡萄园面积。

葡萄种类：根据历史记录及现存土壤和气候条件，规定每片土地适合耕种的葡萄种类。

种植实践：规定了每单位土地应种植的葡萄树数量、剪枝技术以及施肥方法。

产量：产量过高会影响葡萄的质量，因此对最高产量进行了规定。

酒精含量：所有AOC葡萄酒必须达到最低标准的酒精含量，也就是要求葡萄必须达到一定的成熟度（主要是糖分含量）来确保葡萄酒的口味（在一些地区允许通过加糖来达到酒精含量要求）。

葡萄酒生产：在历史经验基础上，AOC对生产葡萄酒过程进行了规定，为的是保证生产出最佳葡萄酒。

官方品尝鉴定：从1979年以来，专家品酒小组就对AOC制度下的葡萄酒进行逐年鉴定。

只有符合以上7方面标准的葡萄酒才能被冠以AOC标志，而且中间的地名范围越小，那么这瓶酒受到的限制越多，品质也越高。

※AOC对葡萄种植各方面作出了规定

这些法规、措施都为法国葡萄酒作出了保证，赢得了盛誉，树立了地位，受到世界各地消费者和葡萄酒从业者的一致推崇，成为世界葡萄酒的典范。之后欧洲其他产酒国也都是以法国AOC为参考，制定各自的葡萄酒法规。

法国对葡萄酒的贡献在于使得葡萄酒成为一种文化，通过立法确定了葡萄酒的多样性，而命名保护、品种限定、种植和酿造规范等一系列的法律法规使得葡萄品种与产地气候、土壤、人文等条件有机而紧密的结合在一起，令葡萄酒这种农产品成为一种文化载体，赋予其丰富的文化内涵和传承力，并最终升华至艺术的高度。

葡萄酒的旧世界和新世界

按照《世界葡萄酒地图》的作者英国葡萄酒作家休·强生（Hugh Johnson）先生划分的版图，世界葡萄酒产区分为"旧世界"（Old World）和"新世界"（New World）。

※法国玛歌堡葡萄园

旧世界产区指的是现代葡萄酒发源地的欧洲诸国，如法国、德国、意大利、西班牙等传统产区。

新世界产区指的是美国、澳大利亚、智利、阿根廷、南非、新西兰以及亚洲等新兴的产区。

现代的酿酒技术以及葡萄品种源自欧洲，葡萄酒文化和葡萄酒的风味也由欧洲推而广之至新世界各地。旧世界各国都保留了很多原生的酿酒品种，通常把数种不同的葡萄混合进行酿制，风味也多元而丰富，因此大多并不注明葡萄品种以及酿造方式，而是以产地命名葡萄酒。

葡萄酒和其他酒类的不同之处在于其品味的是一种境界、一种生活姿态、一种文化内涵。旧世界葡萄酒背后是悠久的历史、故事和传承，蕴涵着饮食的艺术、甚至生命层次的哲学，而坚持

※智利葡萄园

以传统方式耕种葡萄与酿造葡萄酒，使得旧世界特别是法国葡萄酒不仅仅有着每一个地区、每一种葡萄、每一个庄园、每一个年份的风格差异，即使同一个酒庄、同样的葡萄、同一个年份，它的每一桶、每一箱，甚至同一箱中的每一瓶，都有着自己与众不同的成长历程和独特的个性。

新世界产区，包括旧世界里的新兴产区则是择善从之，由于前车可鉴，这些产区可以根据气候和土地条件，挑选匹配的、有成功经验的、并且市场流行的葡萄品种和类型。这些产区常以葡萄品种命名葡萄酒，这种做法简单易明，十分便于消费者了解和选购。再加上旧世界酒庄技术和金钱的支持，也没有严格的法令和规范的包袱，可以用科技手段来控制和弥补不足之处，随着葡萄树龄的增长、产量和质量的稳定，新世界酿造出优质酒的机会大增，不少新世界产区葡萄酒在风味和价格上已经晋升世界顶级酒的行列。新军窜起，扩张速度亦异常惊人，再加上积极的宣传推广、新颖且贴近市场的营销手法，近年来，新世界已经成功挑战并确实威胁到旧世界的葡萄酒市场了。

如今，旧世界葡萄酒与时俱进，越来越多酒庄在酒标上增加了品种说明；而新世界葡萄酒则向传统靠拢，也愈来愈重视产区概念。

第二节 葡萄酒的命名方式

葡萄酒有多种的分类方式，可以按颜色、含糖量、二氧化碳含量等进行分类，也可以按照产地、品种、年份等因素进行分类，因应诸因素的不同，形成质量和风格的不同。最重要的两个分类，也可以说是命名方式，一个是以产地命名，一个是以葡萄品种命名。

产地葡萄酒

在经过长期实践、选择最适合的种植地点、品种、栽培管理以及酿造方式等最佳的生态条件下生产的葡萄酒，称为产地葡萄酒。

就其风格来讲，主要由产地决定，其次是品种。葡萄可以是混合品种，也可以是单一品种。这类葡萄酒充分体现了葡萄酒的产地特征，表现出自然和人文的因素（包含了品种和年份的意义），具有优良的质量和独特的风格。

※意大利Barolo

※美国Newton

品种葡萄酒

用单一的葡萄品种酿造或者用数种葡萄混合酿造的葡萄酒，称为品种葡萄酒。

这类葡萄酒具有葡萄品种的鲜明个性，但产地特征不突出。酒的质量与风格主要取决于品种和酿造技术，与气候、土壤相适应的葡萄品种，则会表现出卓越的感官特征。

※波尔多风光

第三节　产地葡萄酒之法国篇

以产地命名

以酒庄命名：波尔多（Bordeaux）

※拉斐酒庄

因为领地和贸易的原因，英格兰人就地利之便促使波尔多成为葡萄酒的生产和商业重镇。此后，波尔多成为葡萄酒爱好者心目中的葡萄酒之都。

1 150平方千米的葡萄园，12 000余家酒庄，每年出产720 000 000瓶的葡萄酒，这辽阔的区域（从南到北105千米，自东而西130千米）是世界上最大的好酒生产区。

波尔多对葡萄酒文化的贡献在于酒庄概念的建立以及由商业模式催生的等级制度。以酒庄命名、以数种不同的葡萄取长补短混合酿酒、等级的划分，使得波尔多葡萄酒成为葡萄酒世界的坐标，吸引了最多的消费者，这是法国葡萄酒成功的关键，为世界葡萄酒业创立了典范。无论是知名度还是受葡萄酒爱好者爱戴的程度，波尔多酒都是世界第一，在高端酒交易市场上亦然。

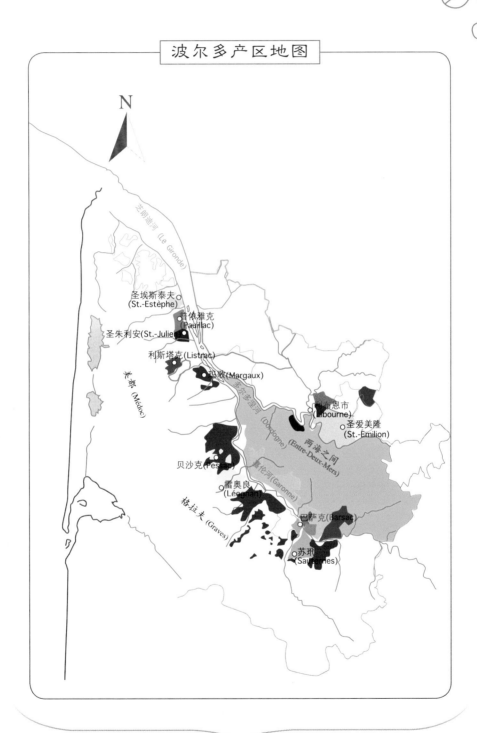

波尔多产区地图

☞左岸和右岸：风格的对比

源自庇里牛斯山的嘉伦河（Garonne）和来自中央山地的多尔多涅河（La Dordogne）交汇成芝朗迪河（Le Gironde），然后奔大西洋而去，将波尔多地区分为左岸、右岸以及两海之间(Entre-deux-Mers)几大产区，这几大产区又可细分为57个法定产区AOC。

波尔多乃港口城市，位于嘉伦河的岸边，原意是"在水一方"（au bord de l'eau）。最早的产酒区都来自左岸，特别是美都区。美都（Médoc）的名字源自拉丁文medio aquae，即"在水中央"之意，因为它的地理位置就在芝朗迪河与大西洋之间。

江河按照水流的方向确定上游、下游，顺流而下左手一侧为左岸、右手一侧为右岸。据说波尔多左岸、右岸的概念是英国人首先提出来的，以当时葡萄酒世界的后起之秀圣爱美隆（Saint-Émilion）和波美侯（Pomerol）对应传统美酒产区的美都和格拉夫（Graves）。

在法文里La是阴性冠词，多尔多涅河洄转曲折确实如女性般的婉约，滋润呵护着北方的土地与葡萄园，此区的土质以黏土最为丰富，石灰质、砂质地及砂土等混合相间，土壤较为细致，最适宜易种早熟的美乐葡萄的生长，酿造出的葡萄酒温柔丰盛、甜酸怡人、果香突出、肉感浓郁，丹宁如丝绸般顺滑可口，深具女性化的特质。

※波尔多风光

※波尔多的晚霞

　　Le是阳性冠词，象征着两河汇流后芝朗迪河大江西去的雄放，河水亘古的奔流冲刷，以及近海常有改道的变化，造就了此区砾石圆丘满布的地貌，土壤层贫瘠但排水性佳，促使葡萄要努力向下扎根；砾石既反射阳光又能储存热能，有利于葡萄果实的成熟。此区的主要葡萄品种为强壮的赤霞珠，酿出的酒雄厚、劲道、深度十足，平衡感、陈年的潜力、丰富性与复杂度皆无与伦比，尤以普依雅克（Pauillac）最是经典。

主要葡萄品种

红色葡萄	白色葡萄
美乐（Merlot）	长相思（Sauvignon Blanc）
赤霞珠（Cabernet Sauvignon）	赛蜜蓉（Sémillon）
品丽珠（Cabernet Franc）	密斯卡黛勒（Muscadelle）
马尔贝克（Malbec）	
小维多（Petit Verdot）	

☞左岸：典范的创立

波尔多左岸的葡萄酒法定产区包括美都和格拉夫。

美都一共有8种法定产区葡萄酒，包括2种区域性的原产地命名管制——美都与上美都（Haut-Médoc），以及

※普依雅克Château Clerc-Milon美酒

6种小区域法定产区——普依雅克、玛歌（Margaux）、圣朱利安（Saint-Julien）、圣埃斯泰夫（Saint-Estèphe），以及周边的慕尼斯（Moulis）和利斯塔克（Listrac）。

美都四大名村

圣埃斯泰夫	13平方千米	最北、也最接近海洋，葡萄的成熟比南部地区慢，酿成的酒刚硬结实，颜色深、丹宁重、酸度高、果味浓，年轻时口感艰涩，要经过长时间的瓶中培养方能成熟，历经风霜才带出铁汉柔情
普依雅克	12平方千米	此村的酒气势恢宏，酒体浑厚，结构均衡，质地固实，层次分明，回味悠长——这都是欧美酒评家之言，说的都是真的
玛歌	14平方千米	以迷人的香气吸引着众多消费者，特别是女性。柔顺大气，芳香绵长
圣朱利安	9平方千米	平易近人、小家碧玉般的风格，酒质的深度是需要潜心知音者才能够发现

格拉夫的精华在于乃贝沙克-雷奥良（Pessac-Léognan），这里共有11.22平方千米的葡萄园。格拉夫也是波尔多的干白葡萄酒法定产区，23平方千米的苏玳和巴萨克更是贵腐甜白酒的著名产区。

第一个酒庄：奥比昂酒庄

奥比昂酒庄（Château Haut-Brion）位于格拉夫产区，早在14世纪已经被开辟为葡萄园，令其扬名立万的是15世纪的波尔多贵族Jean de Pontac。如今酒标上的城堡便是兴建于当时，甚至有一段时间这款酒就叫Pontac。

今天波尔多酒庄以城堡"Château"冠名的概念也发端于此。在官方定义里，"Château"系指包含一定面积的葡萄栽种园以及拥有酿酒和储藏设备建筑物的葡萄庄园。

葡萄酒世界里的江湖

小时候听《说唐》，最吸引人的无疑是隋唐十八条好汉的排定，众豪杰各为其主却位列同一个榜上，并且不像今天职业网球运动员的排名还有爆冷的机会，在英雄榜上

※奥比昂酒庄的酒

※波尔多左岸美酒

排名高者就是排名低者的克星，有取其生命的绝对优势；而《水浒传》里一众好汉，却因为逼上梁山排座次、将一百零八将的英名留；还有《射雕英雄传》之江南七怪、东邪、西毒、南帝、北丐、中神通等，不知激发了多少少年的青春梦想。

也许每个人的心中都有一个《封神榜》情结，葡萄酒世界也不例外。

1853年拿破仑三世发布命令：法兰西将于1855年举办工农业博览会，以庆祝欧洲和平40周年（自1815年滑铁卢战役结束）。拿破仑三世认为所有出色的工农产品从根本上都与艺术有关，因此同时举办艺术博览会，他强调这才是首届真正的世博会。

当时波尔多商会选取了一批葡萄酒送展，并且提供了一张由葡萄酒经纪人公会制定的美都名酒分级表，旨在介绍波尔多葡萄酒的丰富性和优秀的质量，以起到推

※玛歌酒庄的酒

广作用。分级榜并非凭空建立的，而是根据市场买卖的记录约定俗成，并与酒庄的名声以及售价有着直接的联系。

事实上从17世纪初开始，波尔多就以拥有最高质量、最高声望的酒庄为基准标定价格。当时英国是最重要的葡萄酒市场，在这里最知名的酒就是产自格拉夫的奥比昂酒庄，其后是美都的拉斐酒庄（Ch. Lafite-Rothschild）、拉图酒庄（Ch. Latour）和玛歌酒庄（Ch. Margaux），这些酒庄出产的葡萄酒由于品质的无与伦比而名声远播，价格远高于其他波尔多酒，因而占得先机，自成等级，人称"一等酒庄"；后来者只能称为二等酒庄、三等酒庄，到19世纪中期已经分到了五等。

这个分级体系成为当地葡萄酒贸易的基石，并成为业内人士的商业指引，酿造者、酒商和经纪人，都对每个酒庄的等级、声望、相应的价格耳熟能详。1855年只是趁世博会的机会让皇帝做了一次招安顺势法律化了，至今仍然有效并且几乎没有改变过。这又是葡萄酒世界里的"水浒"了。

1855年波尔多葡萄酒分级榜其实应该说是美都区的分级榜，因为当时波尔多最好的葡萄酒几乎都来自美都，无论在销售价格或者历史记录上，其他产区都难望其背，最著名的拉斐酒庄、拉图酒庄和玛歌酒庄，皆众望所归占据一级酒庄的地位。

但就像《三剑客》(Les Trois Mousquetaires)的主角其实是4个，分级榜的例外是来自格拉夫的奥比昂酒庄。其成名很早，甚至比美都所有最著名的酒庄都早；其声名之大，大到即使不在美都产区之内英雄榜要排座次也绝不能忽略它的名字。结果就如同来自外乡的达达尼昂（d'Artagnan）加入国王的火枪队，奥比昂和拉斐、拉图和玛歌比肩共享了顶级酒的殊荣。有酒评家说这一状况就像是贵州的茅台入选了四川十大名酒一样。

奥比昂的酒复杂隽永，香味带有土地的气息，但要随着陈年和了解的深入，其魅力和潜质才慢慢地散发出来，慢慢地挥发自如，慢慢地抓住每一个爱酒人的心。

拉斐酒庄有些像阿多斯（Athos），平素沉默寡言，性格甚至带些忧郁，但怎么样也掩盖不了骨子里高贵的出身，其酒香幻变，神秘典雅，在杯中虽然常常让人无从捉摸，"但只要他一昂首迈步，便立刻显出独领风骚的派头"。

拉图酒庄则肯定是波尔朵斯（Porthos）了，这是男性面貌的酒，香气和口感皆直接强烈，具有先声夺人之效，直来直去，从不拐弯抹角，任何时候喝起来都是让人痛快的好酒。

※拉图酒庄的酒

※武当堡酒庄的酒

玛歌酒庄就是阿拉密斯（Aramis），温文雅儒，风度翩翩，其香气迷人，口感温柔，常带点弦外之音、意外之喜，有很多受女性欢迎的特质，甚至很多人认为这就是一款女性化的酒。

美都区分级榜是官方确认的分级制度，法国葡萄酒在发展过程中始终重视葡萄园，信奉拥有特殊土壤的葡萄园会酿造出与众不同的葡萄酒，其分级便是依据顶级葡萄园酿造顶级葡萄酒的理念而将酒庄划分级别的，也就是说它划分的不是酒庄，不是酒庄所代表的品牌，甚至也不是酒庄某个年份的酒的质量，它划分的是和酒庄紧密联结在一起的能够酿造出独特风味葡萄酒的葡萄园。所以虽然历经岁月的更替，150年间很多酒庄换了主人，有些酒庄一分为二，但是酒庄的级别以及名字依然传承下来。1855年分级榜仅有过两次变化：当年4月名单出炉，9月补选Ch. Cantemerle为五级；再就是1973年6月武当堡（Ch. Mouton-Rothschild）从原本的二级晋身为一级酒庄。

现在这份分等系统上顶级一等酒庄一共有5家，二等酒庄有14家，三等酒庄有14家，四等酒庄有10家以及18家五等酒庄，合计为61家名庄。

1855年除了这份红酒的等级榜，还有一份白酒的等级榜，都是格拉夫地区苏玳和巴萨克所生产的甜白酒。它共划分了三个等级，特级一等酒庄只有一家——滴金酒庄（Ch. d'Yquem）。

这份分级榜，一直受到世界葡萄酒界的尊崇。因为它将复杂多样的波尔多葡萄酒变得简明易了，用等级制度规范了葡萄酒的质量，成为消费者、收藏家以及葡萄酒爱好者入门的指导，让人更容易了解、找寻、确认与自己的口味、品位、经济能力相对应的葡萄酒。

※滴金酒庄的酒

波尔多葡萄酒至今依然独领风骚，其成功与这份纲领性的分级榜有着莫大的关系。

1855年美都列级酒庄榜（1973年修订版）
（The 1855 Official Classification of the Médoc）

一级酒庄（Premiers Crus）	
酒庄名称	产区
Château Lafite-Rothschild	Pauillac
Château Margaux	Margaux
Château Latour	Pauillac
Château Haut-Brion	Graves
Château Mouton-Rothschild	Pauillac
二级酒庄（Deuxièmes Crus）	
酒庄名称	产区
Château Rausan-Ségla	Margaux
Château Rauzan-Gassies	Margaux
Château Léoville-Las Cases	Saint-Julien
Château Léoville-Poyferré	Saint-Julien
Château Léoville-Barton	Saint-Julien
Château Durfort-Vivens	Margaux
Château Gruaud-Larose	Saint-Julien
Château Lascombes	Margaux
Château Brane-Cantenac Cantenac	Margaux
Château Pichon-Longueville-Baron	Pauillac
Château Pichon-Longueville, Comtesse de Lalande	Pauillac
Château Ducru-Beaucaillou	Saint-Julien
Château Cos d'Estournel	Saint-Estèphe
Château Montrose	Saint-Estèphe

三级酒庄 (Troisièmes Crus)	
酒庄名称	产区
Château Kirwan Cantenac	Margaux
Château d'Issan Cantenac	Margaux
Château Lagrange	Saint-Julien
Château Langoa-Barton	Saint-Julien
Château Giscours Labarde	Margaux
Château Malescot Saint-Exupéry	Margaux
Château Boyd-Cantenac Cantenac	Margaux
Château Cantenac-Brown Cantenac	Margaux
Château Palmer Cantenac	Margaux
Château La Lagune Ludon	Haut-Médoc
Château Desmirail	Margaux
Château Calon-Ségur	Saint-Estèphe
Château Ferrière	Margaux
Château Marquis d'Alesme-Becker	Margaux
四级酒庄 (Quatrièmes Crus)	
酒庄名称	产区
Château Saint-Pierre	Saint-Julien
Château Talbot	Saint-Julien
Château Branaire-Ducru	Saint-Julien
Château Duhart-Milon-Rothschild	Pauillac
Château Pouget Cantenac	Margaux
Château La Tour-Carnet Saint-Laurent	Haut-Médoc
Château Lafon-Rochet	Saint-Estèphe
Château Beychevelle	Saint-Julien
Château Prieuré-Lichine Cantenac	Margaux
Château Marquis-de-Terme	Margaux

五级酒庄 (Cinquièmes Crus)	
酒庄名称	产区
Château Pontet-Canet	Pauillac
Château Batailley	Pauillac
Château Haut-Batailley	Pauillac
Château Grand-Puy-Lacoste	Pauillac
Château Grand-Puy-Ducasse	Pauillac
Château Lynch-Bages	Pauillac
Château Lynch-Moussas	Pauillac
Château Dauzac Labarde	Margaux
Château Mouton-Baronne-Philippe	Pauillac
Château du Tertre Arsac	Margaux
Château Haut-Bages-Libéral	Pauillac
Château Pédesclaux	Pauillac
Château Belgrave Saint-Laurent	Haut-Médoc
Château de Camensac Saint-Laurent	Haut-Médoc
Château Cos-Labory	Saint-Estèphe
Château Clerc-Milon	Pauillac
Château Croizet-Bages	Pauillac
Château Cantemerle Macau	Haut-Médoc

※法国冬景

※欧洲风光

1855年苏玳和巴萨克列级葡萄酒庄榜

（The 1855 Official Classification of Sauternes and Barsac）

优等一级酒庄（Premier cru Supérieur）	
酒庄名称	产区
Château d'Yquem	Sauternes
一级酒庄（Premiers Crus）	
酒庄名称	产区
Château La Tour-Blanche	Bommes
Château Lafaurie-Peyraguey	Bommes
Château Clos Haut-Peyraguey	Bommes
Château de Rayne-Vigneau	Bommes
Château Suduiraut	Preignac
Château Coutet	Barsac
Château Climens	Barsac
Château Guiraud	Sauternes
Château Rieussec	Fargues
Château Rabaud-Promis	Bommes
Château Sigalas-Rabaud	Bommes

| 二级酒庄（Deuxièmes Crus） ||
酒庄名称	产区
Château de Myrat	Barsac
Château Doisy-Daëne	Barsac
Château Doisy-Dubroca	Barsac
Château Doisy-Védrines	Barsac
Château d'Arche	Sauternes
Château Filhot	Sauternes
Château Broustet	Barsac
Château Nairac	Barsac
Château Caillou	Barsac
Château Suau	Barsac
Château de Malle	Preignac
Château Romer-du-Hayot	Fargues
Château Lamothe-Despujols	Sauternes
Château Lamothe-Guignard	Sauternes

※初春波尔多

1959年格拉夫产区列级酒庄榜

（The 1959 Official Classification of the Graves）

红葡萄酒（Classified Red Wines of Graves Commune）	
酒庄名称	**产区**
Château Bouscaut	Cadaujac
Château Haut-Bailly	Léognan
Château Carbonnieux	Léognan
Domaine de Chevalier	Léognan
Château de Fieuzal	Léognan
Château d'Olivier	Léognan
Château Malartic-Lagravière	Léognan
Château La Tour-Martillac	Martillac
Château Smith-Haut-Lafitte	Martillac
Château Haut-Brion	Pessac
Château La Mission-Haut-Brion	Talence
Château Pape-Clément	Pessac
Château Latour-Haut-Brion	Talence
白葡萄酒（Classified White Wines of Graves Commune）	
酒庄名称	**产区**
Château Bouscaut	Cadaujac
Château Carbonnieux	Léognan
Château Domaine de Chevalier	Léognan
Château d'Olivier	Léognan
Château Malartic Lagravière	Léognan
Château La Tour-Martillac	Martillac
Château Laville-Haut-Brion	Talence
Château Couhins-Lurton	Villenave d'Ornan
Château Couhins	Villenave d'Ornan
Château Haut-Brion(1960年列入)	Pessac

※圣爱美隆

☞右岸：后起之俊杰

波尔多右岸最出名的法定产区有面积较大的40余平方千米的圣爱美隆和面积较小的仅8平方千米的波美侯，只生产红葡萄酒，以美乐为主要酿酒品种，却能酿出刚劲豪迈、浓郁丰厚的强烈风格。

圣爱美隆面积几乎和左岸的四大名村相当，近些年酒质进步迅速，诞生了很多可与列级名庄一争高下的酒庄，是酒评家以及葡萄酒爱好者寻幽探奇发掘惊喜的宝地。

迟至1958年圣爱美隆才建立自己的等级制度，分为"一级特等酒庄"和"特等酒庄"两种，一级特等酒庄再细分成A、B两组，以A组等级最高，一直以来只有欧颂酒庄（Ch. Ausone）和白马酒庄（Ch. Cheval Blanc）两家位列高位。

圣爱美隆的等级制度规定会定期重新评估、对排名作出修订，最新一次则在2012年，Ch. Angélus和Ch. Pavie得以晋身一级特等酒庄榜A组行列。

※白马酒庄的酒

圣爱美隆列级酒庄榜（2012年）
（The 2012 Official Classification of St.−Émilion）

一级特等酒庄(Premiers Crus)A组	
Château Ausone	Château Cheval Blanc
Château Angélus	Château Pavie
一级特等酒庄(Premiers Crus)B组	
Château Beauséjour	Château Beau-Séjour-Bécot
Château Bélair-Monange	Château Canon
Château Canon la Gaffelière	Château Figeac
Clos Fourtet	Château la Gaffelière
Château Larcis Ducasse	La Mondotte
Château Pavie Macquin	Château Troplong Mondot
Château Trottevieille	Château Valandraud

※圣爱美隆残墙

特级酒庄(Grands Crus Classés)	
Château l'Arrosée	Château Balestard La Tonnelle
Château Barde-Haut	Château Bellefont-Belcier
Château Bellevue	Château Berliquet
Château Cadet-Bon	Château Capdemourlin
Château Le Chatelet	Château Chauvin
Château Clos de Sarpe	Château La Clotte
Château La Commanderie	Château Corbin
Château Côte de Baleau	Château La Couspaude
Château Dassault	Château Destieux
Château La Dominique	Château Faugères
Château Faurie de Souchard	Château de Ferrand
Château Fleur Cardinale	Château La Fleur Morange
Château Fombrauge	Château Fonplégade
Château Fonroque	Château Franc Mayne
Château Grand Corbin	Château Grand Corbin-Despagne
Château Grand Mayne	Château Les Grandes Murailles
Château Grand-Pontet	Château Guadet
Château Haut-Sarpe	Clos des Jacobins
Couvent des Jacobins	Château Jean Faure
Château Laniote	Château Larmande
Château Laroque	Château Laroze
Clos la Madeleine	Château La Marzelle
Château Monbousquet	Château Moulin du Cadet
Clos de L'Oratoire	Château Pavie Decesse
Château Peby Faugères	Château Petit Faurie de Soutard
Château de Pressac	Château Le Prieuré
Château Quinault L'Enclos	Château Ripeau
Château Rochebelle	Château Saint-Georges-Cote-Pavie
Clos Saint-Martin	Château Sansonnet
Château La Serre	Château Soutard
Château Tertre Daugay (Quintus)	Château La Tour Figeac
Château Villemaurine	Château Yon-Figeac

※波美侯Vieux Château Certan

※Château Pape-Clément（格拉夫Pessac）

波美侯产区虽无自己的等级排名，但是由于面积小、名声大、售价高，可说是无冕之王，近些年波尔多最贵的酒皆出自这一传奇名村，如Petrus、Le Pin、Vieux Château Certan、Château L'Église-Clinet、Château Latour à Pomerol、Château La Conseillante、Château Trotanoy、Château Certan de May、Château La Fleur-Pétrus、Château Clinet、Château La Grave à Pomerol、Château Petit Village。

波尔多型态的葡萄酒

波尔多红葡萄酒选取赤霞珠、美乐、品丽珠等葡萄，白葡萄酒则取长相思、赛蜜蓉等葡萄，单独或者混合酿造，此一类型的酒又被称为波尔多型态。波尔多为世人建立了葡萄酒口味和价格的等级制度，以及左岸与右岸、干白与甜白风格的分野。新世界的美国、澳大利亚、智利、阿根廷、南非等产区，甚至西班牙、意大利等旧世界产区，追随着波尔多的脚步、种植波尔多的葡萄品种、参照波尔多的方式，酿造出不少世界顶级的佳酿。

以葡萄园命名：勃艮地（Bourgogne／Burgundy）

勃艮地对葡萄酒文化的贡献在于高贵品种的树立以及为土地划分等级，从品质的角度建立等级制度，更强调风土精神，为品鉴定下规则，给品味定下标准。

勃艮地的葡萄种植面积达250平方千米，从北到南200多千米，分为5个不同的产区。葡萄以红色品种黑皮诺和白色品种霞多丽占绝大多数。

红色品种的佳美只在产区南部边缘的马岗有少量种植，白色品种的阿里歌蝶和长相思在近些年才升级，但也仅仅各占一个村庄级别的法定产区名额。

与波尔多主要的不同之处在于，波尔多的Cru(上好的葡萄园)是与所有权有关，可能为一个人、一个家族或者一家公司所拥有；而在勃艮地，Cru则是与土地单位有关，勃艮地葡萄园的所有权很少独立，常常为很多人所划分拥有，称为Climats。

因为历史的原因，法国大革命后很多名园被拍卖，再加上遗产继承权的分割，多年下来同一块田可能由数人、十数人，甚至数十人瓜分，有权以某一块葡萄田命名的酒结果往往是不同的人分别酿造出来的，风味可能差异极大，这也是勃艮地酒给人繁琐复杂印象的原因。

※康帝园之葡萄

☞勃艮地葡萄酒的等级标注

大区域法定产区：酒标上仅可标示勃艮地大区。

较细区域法定产区：标示出勃艮地中较明确的地区。

村庄法定产区：酒标上可标示村庄名称。

一级葡萄园：在村庄级产区内某些葡萄园由于土壤以及所产的酒品质特佳而被划分为一级葡萄园，村庄名称仍被使用，酒标上会标示葡萄园的名称。

目前勃艮地一级葡萄园的数目大约有635个，数目虽多，但是面积并不大，年产量仅占所有级别总和的11%。

特级葡萄园：这些是有着特别好的位置、土壤、品质以及在历史上名声显赫的葡萄园。酒标上单单标示葡萄园的名字就够了，每一个名字就是一个独立的法定产区。

勃艮地一共只有33个AOC特级葡萄园，红葡萄酒和白葡萄酒加起来仅占勃艮地不到2%的产量。

※勃艮地葡萄园等级的划分往往与坡度相关

※葡萄园冬景

勃亘地特级葡萄园（ List of Grands Crus in Burgundy ）

Bâtard-Montrachet（白酒）	Criots-Bâtard-Montrachet（白酒）
Bienvenues-Bâtard-Montrachet（白酒）	Échézeaux（红酒）
Bonnes-Mares（红酒）	Grands Échezeaux（红酒）
Chablis Grand Cru（白酒）	Griotte-Chambertin（红酒）
Chambertin（红酒）	La Grande Rue（红酒）
Chambertin-Clos de Bèze（红酒）	La Romanée（红酒）
Chapelle-Chambertin（红酒）	La Tâche（红酒）
Charlemagne（白酒）	Latricières-Chambertin（红酒）
Charmes-Chambertin（红酒）	Mazis-Chambertin（红酒）
Chevalier-Montrachet（白酒）	Mazoyères-Chambertin（红酒）
Clos de la Roche（红酒）	Montrachet（白酒）
Clos de Tart（红酒）	Musigny（红酒）
Clos de Vougeot（红酒）	Richebourg（红酒）
Clos des Lambrays（红酒）	Romanée-Conti（红酒）
Clos Saint Denis（红酒）	Romanée-Saint-Vivant（红酒）
Corton（红、白酒）	Ruchottes-Chambertin（红酒）
Corton-Charlemagne（白酒）	

勃亘地主要产区

距夏布利100 km

夏布利
(Chablis)

距第戎120 km

夜丘
(Côte de Nuits)

香波蜜思妮　　　哲维瑞香贝田
(Chambolle-Musigny)　(Geverey-Chambertin)

冯内罗曼尼　　　夜圣乔治
(Vosne-Romanée)　(Nuits-Saint-Georges)

阿罗斯高登
(Aloxe-Corton)

玻玛(Rommard)　波恩(Beaune)　渡恩丘
沃尔内(volnay)　梅索(Meursault)　(Côte de Beaune)
夏山蒙哈榭　普里尼蒙哈榭
(Chassagne-Montrachet)　(Puligny-Montrachet)

平利(Rully)
梅克雷　　　　夏隆内丘
(Mercurey)　　(Côte Chalonnaise)

吉弗里
(Givry)

蒙塔尼
(Montagny)

中
央
山
地

马岗
(Mâconnais)

N

富篓(Fuissé)
圣维宏(St.-Veran)

薄酒莱
(Beaujolais)

罗讷河 Rhône

勃艮地自北而南5大产区

夏布利（Chablis）：因为气候寒冷，只出产白酒，酸度高，带有矿物气息。

夜丘（Côte de Nuits）：位处第戎市（Dijon）南边，出产世界顶级的黑皮诺红酒。

波恩丘（Côte de Beaune）：波恩市(Beaune)周边，出产柔美迷人的红酒和世界顶级的霞多丽白酒。

夏隆内丘（Côte Chalonnaise）：红、白酒都有生产。

马岗（Mâconnais）：黑皮诺鲜有好的表现，白酒却时有精彩。

勃艮地自北而南拥有特级葡萄园的产区

勃艮地最北的白葡萄酒产区——**夏布利（Chablis）**，共有特级园共930 000平方米，分为7个独立单位（Chablis Grand Cru）：

Bougros

Les Preuses

Vaudésir

Grenouilles

Valmur

Les Clo

Blanchot

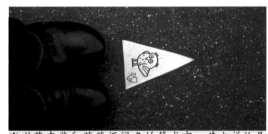

※以芥末酱和葡萄酒闻名的第戎市，其吉祥物是这只猫头鹰

而有"第8块田"之称的La Moutonne，是收购了部分Les Preuses和Vaudésir的田重新组合而成，目前还没有得到官方认证。

最北的红酒产区是**夜丘**区，夜丘区中自北而南著名的产酒村庄有：

Gevrey-Chambertin哲维瑞香贝田 夜丘最大的产酒村庄，这个村子直到1847年都还叫做哲维瑞。这里出产的葡萄酒是拿破仑的最爱，虽然他是兑水喝的。该村庄拥有9块特级葡萄园：

Chambertin

Chambertin-Clos de Bèze

Chapelle-Chambertin

Charmes-Chambertin

Griotte-Chambertin

Latricières-Chambertin

Mazis-Chambertin

Mazoyères-Chambertin

Ruchottes-Chambertin

Morey Saint-Denis 拥有5块特级葡萄园：

Clos Saint Denis

Clos de la Roche

Clos des Lambrays

Clos de Târt

Bonnes-Mares（跨村）

Chambolle-Musigny 拥有2块特级葡萄园：

Bonnes-Mares （跨村）

Musigny

Vougeot 拥有1块特级葡萄园：

Clos de Vougeot

Vosne Romanée 拥有8块特级葡萄园：

Romanée-Conti

La Tâche

Richebourg

La Romanée

Romanée-Saint-Vivant

La Grande Rue

Échezeaux

Grands Échezeaux

※Corton-Charlemagne

※Charmes-Chambertin

波恩丘著名的产酒村庄有：

Corton和Corton-Charlemagne 拥有3块特级葡萄园：

Corton

Corton-Charlemagne

Charlemagne

Puligny-Montrachet 拥有4块特级葡萄园：

Montrachet（跨村）

Chevalier-Montrachet

Bâtard-Montrachet（跨村）

Bienvenues-Bâtard-Montrachet

Chassagne-Montrachet拥有3块特级葡萄园：

Montrachet（跨村）

Bâtard-Montrachet（跨村）

Criots-Bâtard-Montrachet

※La Grande Rue

勃艮地型态的葡萄酒

　　勃艮地葡萄酒开启了单一品种、单一葡萄园的概念，使人们对葡萄酒的品质追求精益求精。

　　勃艮地的红、白葡萄酒都是由单一葡萄品种酿造而成，红的是红得发紫的黑皮诺，白的是浓得醇厚的霞多丽，像中国的古典诗词讲究平仄、设定格律，勃艮地人也喜欢和享受这种带着镣铐的舞蹈般的艺术追求：他们用单一的葡萄品种酿造出风味各异的葡萄酒，他们以种出能酿出这样的酒的葡萄为标准划分土地等级，把酒当作艺术作品推至品味和价值的巅峰。

　　世界其他产区的勃艮地型态葡萄酒：

　　黑皮诺的经典产区除了勃艮地，还有美国加利福尼亚州和奥勒冈州，澳大利亚和新西兰也能酿出品质和风格俱佳的黑皮诺。

　　而霞多丽以其适应性知名，世界各地都能够生产出品质不错的酒，以美国加利福尼亚州、澳大利亚、智利等产区出名，中国的宁夏贺兰山产区近些年也生产出品质不错的入门级别霞多丽。

※Gewürztraminer Cuvée Laurence

以葡萄品种命名：阿尔萨斯（Alsace）

阿尔萨斯，位处欧洲的中心，首府为史特拉斯堡（Strasbourg），1979年欧洲议会在此设立，因而有欧洲首都之称，驻有欧洲联盟的许多重要机构。绵延的孚日山脉(Vosges)将其与法国的其他地域隔开，蜿蜒的莱茵河（Le Rhin）则将其与德国领土分离，法兰西与日耳曼民族史和宗教史上错综复杂的争战，成就了阿尔萨斯地区独特的文化混血传统。

阿尔萨斯的自然环境属半大陆性气候区，气温寒凉，孚日山脉阻挡了来自大西洋的气流，使得此地降雨较少，晴天较多，面向莱茵河的向阳东坡不但日照好，而且排水佳，特别适合白葡萄品种的生长，于是形成了东西仅有4千米宽、南北却超过170千米的阿尔萨斯葡萄酒长廊，中世纪的城堡、美丽的村庄、尖顶的教堂掩映其间，就像《莱茵河之恋》所唱的那样："（莱茵河畔）像画那样美"。"酒要好，河水望城堡"，莱茵河映照着阿尔萨斯，使其成为世界上最美丽耀眼的葡萄酒乡之一。

阿尔萨斯葡萄园依孚日山脉山坡的高低分为3大区段：高处山坡土层较浅，底层以火山石为主，夹杂着花岗岩、砂岩及叶岩，葡萄吸收了矿物质，使得酿成的酒香气浓郁并带有矿石味，口感复杂；和缓的中坡土层深，以沉积岩为主，土质组合有石灰土、砂质土及黏土，酒质较丰腴结实，香气馥郁；坡底平原多是冲积土，土质肥沃，仅能出产清淡适口的普通白酒。

阿尔萨斯酒可以作为学习鉴赏葡萄酒最好的开始，因其酒香是葡萄酒中常出现的样品一样的香气。或许是由于环境因素的影响，阿尔萨斯出产各式的水果与各样的鲜花，从而使得阿尔萨斯白酒素以清新细致的花香与浓郁多变的果香而令人痴迷，口感丰富醇美，无论纯饮或是配搭食物，都能展现出最好的风貌，让人如幻如醉，一试而难以忘怀。葡萄酒是一个地方的历史和文化的产物，并不仅仅是一种含有酒精的饮料，阿尔萨斯正是如此。

阿尔萨斯葡萄酒在法国一直都是特异的存在，以白酒出名，而葡萄品种、分级方式、商标标示，甚至瓶子的样式都很德国；晚收成甜酒亦极佳，但最具产区特性的代表却是不甜的；在饱经战乱的土地上生活的人民一定有着坚强的意志，同样其酒也有着宛如钢铁般的质感，别具冷冽爽口的风味，与众不同。而决定性的特色在于其酒的香气，玫瑰、柠檬、葡萄柚、菠萝、荔枝的花果香味都可能在杯中涌起，入口清澈、坦率的酸和冷峻的酒精挟着丰满而含蓄的水果滋味持续萦回在味蕾久久不散。特别是琼瑶浆，从粉红色的葡萄果粒酿出来的白酒，更是其独到之处。

※荔枝图

阿尔萨斯主要葡萄品种

阿尔萨斯的红葡萄仅有黑皮诺，多数年份仅能酿造出清淡型的红酒。

白葡萄品种则有10种之多，酿出的酒酒精度数高，涵盖了从极干到极甜之间的口感。其中雷司令、灰皮诺、麝香和琼瑶浆被列为优质品种，特级酒庄等级的葡萄园只能种植这4种葡萄。

阿尔萨斯最好的酒是甜度特别高的晚收成甜酒（Vendanges Tardives）或贵腐甜酒（Sélection de Grains Nobles），这两款酒只在特别的年份生产，因而珍贵稀有。

有时候，阿尔萨斯也会生产一种称为"高贵的混合"（Edelzwicker）的白酒，这是混合多种葡萄品种酿成的，当然十分罕有。

雷司令（Riesling）：阿尔萨斯葡萄酒之王。以优雅细致的平衡感见长，除迷人的花香和爽朗的果香之外，还时常带着一种淡淡的矿石味甚至火药、汽油的味道，令人着迷，在阿尔萨斯复杂的土质上表现出多变的风味。

※白葡萄

灰皮诺（**Pinot Gris**）：这不是一个单独的葡萄品种，而是一个系群，成熟的葡萄颜色可能从带蓝色，到粉红，甚至棕色、光灰色都有。阿尔萨斯凉爽的气候和温暖的火山土质特别适合它的生长，酿出的酒浓厚结实、口感丰盈，属于香味浓郁的品种，酒色偏金黄，酒精度偏高，酸度略低，初期带有桃子、柠檬、柑橘属与杏桃的果香，成熟后则呈现烟熏或奶油的风味。可搭配味道较重的食物，与海

※Terrace Heights Estate Marlborough Pinot Gris 2011

鲜、猪肉、鸡肉等搭配也不错。

麝香（**Muscat**）：主要味道有新鲜葡萄、橙、梨、蜂蜜，芳香甜润，带有新鲜爽口的口感，适合纯饮或作餐前酒。

琼瑶浆（**Gewürztraminer**）：葡萄皮是淡红色或粉红色的，酿出来的酒颜色是很深的黄色。以浓烈微妙的香气闻名，Gewürz的德文原意就是"强烈的香气"。带有荔枝、玫瑰、芒果、土耳其软糖、肉桂甚至麝香的气味，口感圆润强劲，个性十足。十分适合搭配鱼、禽类食物，特别适合强调香辣口味和酸甜味道的亚洲菜系。阿尔萨斯出产的琼瑶浆是世界上最精彩的琼瑶浆。

其他法定白葡萄品种还有：柔顺易入口的白皮诺（Pinot blanc），清淡、带有果味的史云拿（Sylvaner），以及极少见的品种Auxerrois Blanc。

阿尔萨斯型态
的葡萄酒

法国葡萄酒标的辨识方式关键在于产区、出产的村落、葡萄园、酒庄，如果对其中涉及的常识不太了解的话，便很难选择，尤其是它不会标示瓶子里的酒是用单一品种的葡萄酿造的，还是由多种葡萄混合酿造的，比例又是多少。对饮用者来说这是非常麻烦的事，即使专家也常常感到头痛，因为即使同一酒庄、同一款酒，它每一年的葡萄混合比例也不尽相同。

所以新兴产国如美国、澳大利亚等，一开始就刻意采取了较为简易的标示方法，即直接以葡萄品种命名葡萄酒，并且以严格的法律保证瓶中的内容，使饮用者藉由"品种标示系统"立即掌握酒的特性，从而在商业领域掌握了先机，大受欢迎。事实上，首先采用这种品种标示方法的是阿尔萨斯。

以品牌命名：香槟(Champagne)

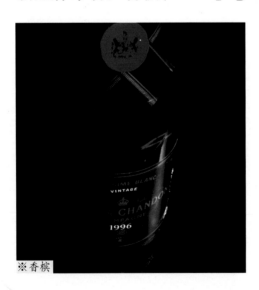
※香槟

波尔多、勃艮地、香槟这3个产区都酿造出了世界最顶级的葡萄酒，成为其他国家、产区的典范。但很多的葡萄酒资深爱好者对于好酒的观念要不来自于波尔多，要不就来自于勃艮地。

总括而言，勃艮地葡萄酒是以土地划分等级，将葡萄田划分成一个个独立的地块，种植相同的葡萄品种，讲究的是微气候以及不同位置的地块赋予葡萄酒的不同的个性，最高级别的酒都是一个葡萄园单独收成、单独酿造、单独装瓶，并以葡萄园命名。

波尔多葡萄酒则是以酒庄命名，所谓的酒庄并不一定是城堡，而是要求有一所具有酿造功能的建筑物就近葡萄园，种植不只一种葡萄，庄主们固然也知道哪些是良好的地块，但是并不单独装瓶，而是将不同葡萄品种、不同葡萄园的葡萄酿造出的酒混合调配，讲究的是每一年风格的统一和质量的稳定。

这两个产区和土地的联系都非常紧密，只是一个精细，一个笼统，最好的酿造者都拥有自己的葡萄园、一手种植，一手酿造，保证了酒的品质和自家的名声。

但是香槟区完全是另外一种做法。

虽然香槟的酿造也讲究葡萄、也区分特级葡萄园区，但是由于独特的酿造工艺，使得它的酒质和葡萄与土地的联系并没有那么紧密。大部分的香槟酒都是混合酿成，由不同葡萄品种相互混合，甚至红色品种和白色品种混合、大产区内的不同小产区葡萄的混合以及年份不同的基酒相混合。

对香槟酒而言，最重要的是风格，因此大多数的香槟都是以品牌命名。

※Cuvée Dom Pérignon

香槟区主要葡萄品种

红色葡萄	白色葡萄
黑皮诺 皮诺曼妮（Pinot Meunier）	霞多丽

无年份香槟和年份香槟

　　香槟区是法国最北的葡萄酒产区，由于气候偏寒，葡萄通常无法得到完美的成熟，为了弥补气候所造成的缺憾，而且通常香槟的酿造也需要数年的时间才能完成。传统的方法是将不同年份、不同葡萄品种酿成的基酒混合调配，以求取平衡让酒的口感保持一致，酒标上会标注NV，不标示年份，称为无年份香槟。每家酒厂皆有自己的独家调配秘方。

　　在一些葡萄收成特别出色的年份，一些酒厂则会使用同一年份的葡萄来酿造香槟酒，酒标上会标注年份，称为年份香槟，这些酒会有那一年独特的印记。

香槟酒标上常见的术语

　　Blanc de Blancs：只以白色品种酿制的白香槟。

　　Blanc de Noirs：以红色品种酿制的白香槟。

　　Rose：粉红香槟。

　　Brut Natural：极干，含糖量低于3克/升。

　　Extra Brut：特干，含糖量低于6克/升。

　　Brut：干，含糖量低于15克/升。

※葡萄园

Extra sec：半干或半甜，含糖量为12～20克/升。

Sec：甜，含糖量为17～35克/升。

Demi-sec：特甜，含糖量为35～50克/升。

Doux：极甜，含糖量高于50克/升。

香槟型态
的葡萄酒

　　香槟产区以品牌命名的方式在新、旧世界产区都比较流行，毕竟商业社会，品牌效应非常重要。有很多以品牌命名的葡萄酒包括气泡酒、红酒、白酒等，也都严守原产地、名品种、严酿制的规则，质量亦皆属上乘。

　　而在一些葡萄酒原产地概念不是那么刻板的国家，甚至允许不需拥有葡萄园和酿造厂，只要购买别人种植的葡萄、找一家酿造厂帮助酿酒，就可以酿造出自己的葡萄酒了，然后在法律许可的条件下注册一个品牌就可以售卖。特别是在美国，这种以品牌命名的葡萄酒非常流行，也能够生产出顶级质量、特别是顶级售价的葡萄酒来。

　　世界各地知名的气泡酒以及品牌葡萄酒：

　　几乎所有的葡萄酒产区都会生产气泡酒，在香槟区之外的法国其他产区根据香槟法酿造并接受该产区原产地命名保护的气泡酒称为Cremant。其他世界知名的气泡酒有西班牙的Cava，意大利的Asti，南非的Cap Classique，以及美国、澳大利亚等国的Sparkling Wine。

品酒随笔

我一闭上眼睛，就闻到风的味道

（1）酒：三鞭者谁？

日本的葡萄酒研究专家神杉雅一写过一本《葡萄酒知识手册》，1999年由台北国际村文库书店出版中文版。

关于香槟他这样说："香槟是指这个地方所生产的气泡酒。"——这个地方指的当然是法国的香槟区，而紧接下来："不管哪一个地方的葡萄酒，只要会产生气泡，都可以称为'香槟'。"

看了这段话你不以为那应该是一个美好的年代么？

以前一说开"香槟"大家会马上放下心情，将指针调至轻松愉快的一刻，知道这会是享乐的时光。当然开的酒可能产自西班牙、意大利，甚至澳大利亚，而且可能还不是用葡萄酿制的，惟有气泡则足矣，重要的是从众一起开心快乐的时光，重要的是那开瓶"嘭"的一声响，重要的是举杯相碰那一清脆回音。

现在谁要说开一瓶"香槟"喝，猜具葡萄酒知识的人肯定立马疑窦丛生，好像鲨鱼闻到受伤鱼儿的气息围上来虎视眈眈，唯一兴奋的那人肯定是律师。现在谁要说出"不管哪一个地方

※香槟

的葡萄酒，只要会产生气泡，都可以称为'香槟'"这句话肯定会被人嘲笑，因为有识之士从法规中知道了Le Champagne的所指——乃高贵、尊荣的法国香槟产区的出品，只有在法国这个叫做Champagne的地方出产的有气葡萄酒才能够称作"Champagne"。

中文"香槟"二字音义颇佳，但最早的中文翻译是什么呢？

清末张德彝是同治年间首批同文馆学生，曾随使团出使欧美，著有《欧美环游记》。其"合众国游记"中《鸥兰记》一篇，写的是在美国饮宴的经历，文曰："鸥兰，译言橡田也。其地景致清幽，倚山设酒肆，为游人休息之所。……小亭环以清溪，长桌荫于花架，大烹馔客，列坐于群芳供养之中。于是酌三鞭，饮加非，手拈刀义，味兼朦胧，从俗也。"

"加非"者，咖啡也（coffee）。那么"三鞭"呢？原来"酌三鞭"酌的正是"香槟"！

不说不知道，在日文中Champagne根据读音而套上汉字也写作"三鞭酒"呢。

（2）杯：谁的乳房？

日本作家川端康成的小说《冬天的彩虹》中，一名男子将上战场，请求女友把乳房当模型做成银碗："我想把这银碗当

※各式香槟杯

做酒杯，把我最后的生命喝干。"

以乳房做杯最出名的传说来自香槟，据说古典的香槟杯La Coupe就塑自特洛伊城的海伦（Helen of Troy）。美国人类学家Briffault Robert在他的《母神》一书里，对希腊传统进行考证之后指证说："人世间的第一只酒杯，很可能就是模仿古希腊神话引发特洛伊战争的海伦的乳房制造出来的。"

在克里特文化圈内，乳房的裸露是一种套典的圣事行为。女神和她的女祭司们展示她们丰满的乳房——那是生活的丰足和生命的滋养之象征。在希腊人的心目中，海伦是最美的美女，她的乳房自然也被认为是美的象征。

当然，和很多故事一样，关于香槟杯形状的来源也远不只一个，海伦只是最早的。其后的传言有说是以拿破仑的爱人约瑟芬（Josephine Beauharnais）的乳房作为设计灵感，有说是根据18世纪末法国玛丽皇后（Marie Antoinette）那出名的胸部塑造而成，还有一种说法是说过"香槟是让女人喝下去会变漂亮的唯一一种酒"的法王路易十五的情妇庞巴度夫人（Marquise de Pompadour）为了诱惑法王，特地找来玻璃工匠以自己的乳房形状制作酒杯。只是西方传统对美女乳房的赞美多以"苹果般"誉之，丰满却不大，以此为模型做出来的杯又宽又浅，如今，这种杯子多用于鸡尾酒，而喝香槟则改用长笛状的高脚杯，杯身高长，杯口略窄，为的是欣赏那徐徐上升的细小而昂贵的气泡，亦方便用鼻捕捉香槟的芬芳。

每次一喝香槟酒，看着杯中的气泡飘溢，我总是想起这样的一句话："我一闭上眼睛，就闻到风的味道。"

法国其他重要产区及其主要葡萄品种

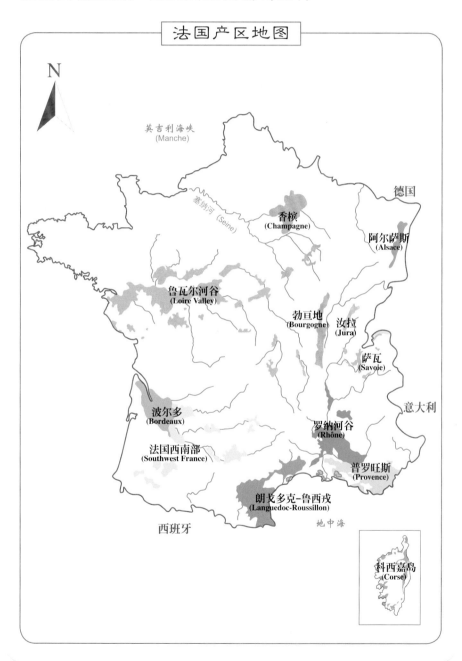

法国产区地图

N

英吉利海峡
(Manche)

德国

塞纳河 (Seine)

香槟
(Champagne)

阿尔萨斯
(Alsace)

鲁瓦尔河谷
(Loire Valley)

勃艮地
(Bourgogne)

汝拉
(Jura)

萨瓦
(Savoie)

意大利

波尔多
(Bordeaux)

罗纳河谷
(Rhône)

法国西南部
(Southwest France)

普罗旺斯
(Provence)

朗戈多克-鲁西戎
(Languedoc-Roussillon)

西班牙

地中海

科西嘉岛
(Corse)

鲁瓦尔河谷（Loire Valley）

红色葡萄	白色葡萄
Cabernet Franc	Gros Plant
Gamay	Muscat
Chenin	Sauvignon Blanc
Grolleau	Chenin Blanc

朗戈多克－鲁西戎（Languedoc－Roussillon）

红色葡萄	白色葡萄
Grenache	Clairette
Syrah	Muscat
Mourvèdre	Picpoul
Carignan	
Cinsaut	

普罗旺斯（Provence）

红色葡萄	白色葡萄
Mourvèdre	Rolle
Grenache	Ugni Blanc
Syrah	
Carignan	
Cinsaut	

汝拉省和萨瓦（Jura & Savoie）

红色葡萄	白色葡萄
Pinot Noir	Chardonnay
Gamay	Roussane（Bergeron）
Mondeuse	Savagnin
	Chasselas
	Jacquère
	Altesse

西南产区（Southwest-France）

红色葡萄	白色葡萄
Tannat	Manseng
Cot	Mauzac
Fer Servadou	
Duras	

科西嘉岛（Corse）

红色葡萄	白色葡萄
Sciacarello	Ugni Blanc
Niellucio	Muscat Blanc
	Vermentino

罗纳河谷（Rhône）

红色葡萄	白色葡萄
Syrah	Marsanne
Grenache	Roussanne
Mourvèdre	Viognier
Cinsaut	

其中教皇的新城堡法定可使用的13种葡萄：色拉子(Syrah)、歌海娜(Grenache)、神索 (Cinsault)、幕维德尔(Mourvèdre)、克莱雷特(Clairette)、罗珊(Roussane)、布尔布兰(Bourboulenc)、琵卡丹(Picardan)、皮珂葡(Picpoul)、古诺瓦姿(Counoise)、莫斯卡丹(Muscardin)、瓦卡尔斯(Vaccarèse)、黑德瑞(Terret Noir)。

※Hermitage La Chapelle（罗纳河谷Hermitage）

第四节　产地葡萄酒之欧洲其他产区篇

德国篇

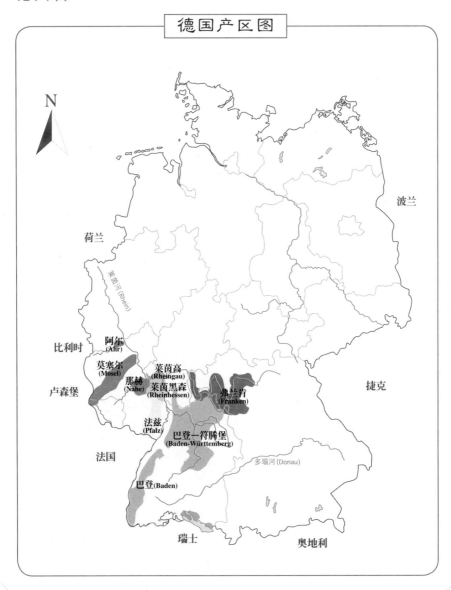

德国产区图

德国的葡萄酒产区分布在北纬47～52度之间，共分为13个特定葡萄种植区。最重要的产区是来自莫塞尔河（Mosel）流域和莱茵河（Rhein）流域的：Mosel-Saar-Rewur、Rheingau、Rheinhessen、Pfalz。

🍷 德国葡萄酒的等级

Tafelwein：日常餐酒，类似于法国的 Vin de Table。

Landwein：乡村餐酒，类似于法国的 Vin de Pays。

Qualitätswein bestimmter Anbaugebiete (QbA)：优良产区葡萄酒，产自法定产区的优质酒，气候较差的年份经核准后可以人工加糖。

Qualitätswein mit Prädikat (QmP)：特级产区葡萄酒，德国最好的葡萄酒，必须完全由天然葡萄发酵，不允许添加糖分。按照葡萄的成熟度、相应的品质以及酒中的甜度从低至高又分6个级别：

德文	中文	简介
Kabinett	头等酒	由正常成熟的葡萄酿造而成，口味淡，甜酸适中
Spätlese	晚收成	Spat是"晚"的意思，lese是指"收成"，等葡萄成熟后再晚些日子采收酿成的酒，甜度增强，风味浓郁
Auslese	精选级	字面意思为"选择性收获"，在晚收成葡萄的基础上特别挑选出成熟的葡萄串，剔除不佳的葡萄，精制而成，风味更加浓郁的葡萄酒
Beerena-uslese（BA）	逐粒精选	Beeren是"果实"，aus是"出"，lese是"挑选"，葡萄成熟超过晚收阶段，逐串逐粒挑选过分成熟包括感染贵腐菌的葡萄精制而成
Trocken-beerenaus-lese (TBA)	枯葡精选	Trocken是"干"的意思，是等待每颗葡萄几乎都枯萎成葡萄干时才采收，酿成独一无二浓郁昂贵的佳酿，是德国葡萄酒最高级别的稀世珍品
Eiswein	冰葡萄酒	葡萄在葡萄树上一直到冬季，采摘前经过了霜冻，然后制成葡萄酒，其等级在BA、TBA之间

🍷 德国主要葡萄品种

红色葡萄	白色葡萄
Dornfelder	Riesling
Portugieser	Bacchus
Schwarzriesling	Gewürztraminer
Spätburgunder（Pinot Noir）	Grauer Burgunder
Trollinger	Kerner
Lemberger	Müller-Thurgau（Rivaner）
Dunkelfelder	Silvaner
Heroldrebe	Weißer Burgunder
Domina	Chardonnay
	Elbling
	Faberrebe
	Grauburgunder
	Gutedel
	Huxelrebe,
	Morio-Muskat
	Ortega
	Scheurebe

※Schloss Johannisberg Riesling Kabinett Feinherb

※白葡萄

意大利篇

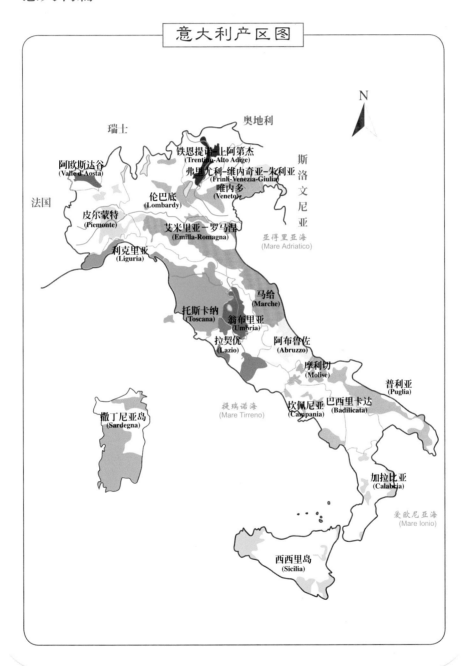

意大利产区图

瑞士
奥地利
N

阿欧斯达谷
(Valle d'Aosta)

铁恩提诺-上阿第杰
(Trention-Alto Adige)

弗里尤利-维内奇亚-朱利亚
(Frinli-Venezia-Giulia)

唯内多
(Veneto)

斯洛文尼亚

法国

皮尔蒙特
(Piemonte)

伦巴底
(Lombardy)

艾米里亚-罗马涅
(Emilla-Romagna)

亚得里亚海
(Mare Adriatico)

利克里亚
(Liguria)

马给
(Marche)

托斯卡纳
(Toscana)

翁布里亚
(Umbria)

拉契优
(Lazio)

阿布鲁佐
(Abruzzo)

摩利切
(Molise)

普利亚
(Puglia)

提瑞诺海
(Mare Tirreno)

坎佩尼亚
(Campania)

巴西里卡达
(Badilicata)

撒丁尼亚岛
(Sardegna)

加拉比亚
(Calabria)

爱欧尼亚海
(Mare Ionio)

西西里岛
(Sicilia)

　　意大利是世界上最适合栽种葡萄的国家，也是历史最悠久的葡萄酒产区之一，葡萄品种古老、繁多而又复杂，气候和土壤千变万化，地域性的历史文化又多姿多彩，再加上口味、酿酒技术的差异，要了解意大利酒比任何国家都困难得多。自北到南20个葡萄酒产区对应其20个行政大区，最重要的产区是皮尔蒙特和托斯卡纳，Barolo和Barbaresco以及Chianti (Classico)、Brunello di Montalcino等，都是世界顶级葡萄酒。

意大利葡萄酒的等级

　　依照质量共分为4个等级，其中2个在欧盟的法定产区优质葡萄酒（QWPSR）类别之下，另外2个则为餐酒类别。

　　Vino da Tavola（VdT）：日常餐酒，泛指供当地消费的最普通质量的葡萄酒，产地、产量、品种皆无限制。

　　Indicazione Geografica Tipica（IGT）：地区餐酒，具地方特色的餐酒，适用于质量高于普通餐酒却不符合当地严格酿造法例的葡萄酒。

　　Denominazione di Origine Controllata（DOC）：法定产区葡萄酒，指在特定的地区内，用指定的葡萄品种，产量、酿造方法也依法酿造而成的酒。

　　Denominazione di Origine Controllata e Garantita（DOCG）：法定产区认证葡萄酒，最高级别，无论在葡萄品种、收成、酿造、储藏方面都有严格管制，是意大利葡萄酒品质的代表。

※Brunello di Montalcino

※Ca' Rugate Amarone

意大利主要葡萄品种

意大利最重要的红色葡萄品种是桑娇维赛和内比欧露。

Aglianico：被尊称为"南方的高贵品种"，来自希腊。酒体雄浑而辛辣，质朴而有力。

Barbera：酒色深红，有樱桃香味，酸度与食物的搭配恰到好处。

Corvina：将葡萄阴干，糖度和香气非常集中，之后才发酵，糖分完全转化成酒精，酿出的酒称作Amarone，在意大利文里有"强烈的苦"的意思，而它的谐音是爱情。具有高度的酒精但不甜，有干果（特别是杏仁）、黑樱桃、黑巧克力的香，丹宁细腻，层次丰富。对很多葡萄酒爱好者来说，这酒有着无与伦比的蛊惑魅力，可陈酿50年以上。

Dolcetto：其名意为"小甜"，并非指味道，而是它易于生长，非常适宜日常饮用。

Montepulciano：口感柔滑，果香独特、酸度适中，丹宁柔和。

Negroamaro：其名意为"黑色和苦涩"，辛辣、饱满，带有红色水果的香气。

其他红色葡萄品种	白色葡萄
Aleatico	Trebbiano
Bonarda	Moscato
Bovale	Nuragus
Cannonau	Pinot Grigio
Cesanese	Pinot Bianco
Ciliegolo	Tocai Friulano
Frappato	Ribolla Gialla
Freisa	Albana
Fumin	Arneis
Gaglioppo	Bombino
Grignolino	Carricante
Lagrein	Catarratto
Lambrusco	Coda de Volpe
Malvasia Nera	Cortese
Molinara	Falanghina
Monica	Fiano
Montepulciano d'Abruzzo	Forastera
Negrara	Garganega
Nerello Mascalese	Grechetto
Nero d'Avola	Greco di Tufo
Ormeasco	Grillo
Piedirosso	Inzolia
Pignolo	Malvasia Bianca
Primitivo	Muscat
Prugnolo Gentile	Pigato
Raboso	Picolit
Refosco	Prosecco
Rondinella	Traminer
Sagrantino	Verdicchio
Schiava	Verduzzo
Schiopettino	Vermentino
Teroldego	Vernaccia
Uva di Troia	Zibibbo
Vernatsch	

西班牙篇

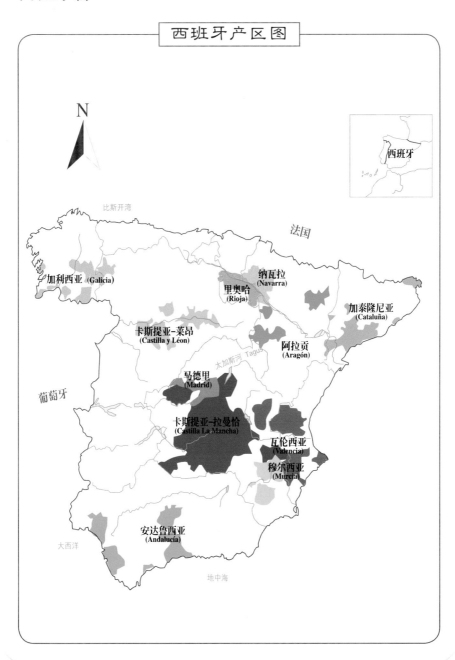

西班牙在欧洲是个温暖的国家，拥有宽广的葡萄种植面积，以红酒为主，也有相当出色的白酒和气泡酒，当然还有特别之选的雪莉酒。葡萄品种非常的多元，有600多个品种，而且是白色品种占了多数。最具代表性的红葡萄品种是坦普尼奥，词源有"早熟"之意，酸度不足是其缺点，但一旦充分成熟之后，酿出的酒带有浆果、李子、烟草、皮革、药草的香气，口感辛辣，富有结构，不负顶级佳酿之名。

※Vega Sicilia Unico

🍷西班牙葡萄酒的等级

Vino De Mesa（VDM）：日常餐酒，乃最低级别，产地、种植、酿造都没有限制。

Vino Comarcal（VC）：日常地区餐酒，来自特定的葡萄产区，对酿造无限制。

Vino De La Tierra（VDLT）：乡村餐酒，来自特定产区，耕种、酿造需符合相关规定。

Denomination De Origin（DO）：法定产区葡萄酒，符合欧盟法定产区优质葡萄酒的类别。目前已有70个产区符合DO资格。

Denomination De Origin Calificda（DOC）：法定产区认证葡萄酒，最高等级，严格规定产区和葡萄酒的酿制。目前只有3个产区符合DOC标准，即里奥哈（Rioja）产区和东北部的Priorat以及Ribera del Duero。

西班牙主要葡萄品种

红色葡萄	白色葡萄
Tempranillo	Airén
Bobal	Albariño
Alcanón	Albillo
Alicante Ganzin	Cayetana blanca
Alicante Henri Bouschet	Chardonnay
Brancellao	Chenin blanc
Cabernet Franc	Doña blanca
Cabernet Sauvignon	Forastera
Caiño	Garnacha Blanca
Caiño tinto	Gewürztraminer
Callet	Godello
Cariñena	Hondarrabi Zuri
Cazagal (Cayetana)	Lairén (Airén)
Espadeiro	Listán Blanca (Palmino Fino)
Fogoneu	Loureira
Forcayat	Macabeo
Garganega	Malvar
Garnacha Tinta	Malvasía
Garnacha Tintorera (Alicante)	Merseguera
Graciano	Moll
Hondarrabi Beltz	Moscatel
Jaén	Muscat de Alejandria
Juan Ibañez	Muscat de Frontignan
Listán Tinto (Palmino Fino)	Muscat de Menudo
Malbec	Palomino Fino
Manto Negro	Pansa Blanca (Pardina, Xarel-lo)

葡萄酒入门

（续上表）

Maria Ardona	Parellada
Mazuelo (Cariñena)	Pedro Ximénez
Mencía	Planta Nova
Merlot	Riesling
Monastrell	Sauvignon Blanc
Moravia	Subirat Parent (Malvasía)
Moristel	Torrontés
Negramoll	Treixadura
Pinot Noir	Verdejo
Prieto Picudo	Verdil
Samsó (Cariñena)	Viura (Macabeo)
Souson	Viognier
Syrah	Xarel-lo
Trepat	Zalema
Ull de Llebre	

※Albariño葡萄树

第五节　欧洲原产地命名保护制度（AOP）的建立

※法国葡萄园

欧盟对葡萄酒的定义

　　欧盟把葡萄酒定义为由葡萄发酵而成的饮料。欧洲市场普通酒（table wine）的酒精含量一般为9%～15%。

　　葡萄酒可以分为2大类，约40%是普通葡萄酒，即日常餐酒（table wines），60%是特质葡萄酒（quality wines）。

　　特质葡萄酒是在某些特殊地区种植生产的，每个成员国有自己的标准来划定特殊种植区域，有些国家几乎把其所有葡萄种植区都定为特殊区域。

AOP的建立

近年来，欧盟对原产地保护制度进行改革，旨在统一标识、保护欧盟国的农贸类产品，如橄榄油、水果、蔬菜、奶制品和葡萄酒的品质和信誉。此法律保证只有真正出产于某个区域的农产品才可以用此区域之名行销出售，以求保护产地的名誉，排除不公平竞争和避免消费者买到非真正产区的产品。

AOP是原产地命名保护的标志，IGP是受保护的地域标志。两个标识的区别在于AOP是指其产品的原料、生产、包装等都是在原产地完成的；IGP是指其产品的原料、生产、包装等只有一部分是在原产地完成的。

AOP即是Appellation d'Origine Protégée：Appellation在英文、法文中有"称谓、命名"的含义，Origine表示原产地，Protégée在法文里是"被保护"的意思。

在新的制度下，欧洲主要葡萄酒产国的命名标示如下：

法国	AOP	Appellation d'Origine Protégée
德国	g.U.	geschützte Ursprungsbezeichnung
意大利	DOP	Denominazione d'Origine Protetta
西班牙	DOP	Denominación de Origen Protegida

为了配合欧盟葡萄酒的级别标示形式，法国葡萄酒业共同组织作出改革，2010年以后，法国葡萄酒在新的命名制度下的标示如下：

AOP (Appellation d'Origine Protégée)： 法定产区葡萄酒，取代原来的AOC。

IGP (Indication Géographique Protégée)： 优良地区餐酒，取代原来的VDP。

VDF（Vin De France）： 属于无IG的葡萄酒，意思是酒标上没产区提示的葡萄酒 (vin sans Indication Géographique)，取代原来的VDT和VDP。

旧等级		新等级
AOC	法定产区酒	法定保护产区酒 AOP
VDQS	优良地区酒	保护地区餐酒 IGP
VDP	地区餐酒	
VDT	日常餐酒	无保护地区餐酒 IG

葡萄酒旧等级划分　　　　　　　　　　　葡萄酒新等级划分

按：欧盟的法律施行起来需要很长时间，再加上法国地方保护主义盛行，短期内AOC不会在法国酒标上消失，因此，AOP标示要取代AOC标示可能需要很长的一段时间。其他欧洲国家亦当如是。

品酒随笔

巴黎评判

　　就像拿破仑三世昭示的那样，所有出色的工农产品从根本上都与艺术有关，葡萄酒更是如此。

　　葡萄酒界每年都会在不同的地方举办不同的酒展、酒会，也都会有各种意义和名衔的竞争，获奖的葡萄酒来自世界各地。而在这些竞争中，最引人瞩目的一定要追溯到英国人史蒂芬·斯伯瑞尔（Steven Spurrier）头上，即他所组织的1976年巴黎品酒会（The Paris Wine Tasting of 1976）。

※史蒂芬·斯伯瑞尔

　　古老的故事都是以"很久很久很久以前"来开头，那时候法国葡萄酒处于高不可攀的地位，英国人斯伯瑞尔在巴黎开了一家葡萄酒专卖店，并经营着一所葡萄酒学校，主要教导那些想打进巴黎社交圈的年轻白领餐桌上的葡萄酒礼仪，主要对象是在巴黎工作的英国人和美国人，或许还有一些巴黎以外的法国人。

　　为收宣传之效，斯伯瑞尔决定在美国纪念建国200周年之际办一场美国葡萄酒和法国葡萄酒的品酒会，既可以向法国展示新兴、酒厂规模又小的加利福尼亚州酿酒人的努力成果，也可以为自己的事业打打知名度。

　　按照惯例，品酒会采用的是蒙瓶试饮的形式（Blind Tasting），本着大家聚首一堂轻轻松松喝喝酒的态度，斯伯瑞尔的初衷是想让他的顾客了解葡萄酒的不同风味以及法国葡萄酒的巨大优势，因为他销售的就是法国酒，否则他跑到巴黎来干什么？

　　白葡萄酒方面他挑选了6款加利福尼亚州霞多丽，以对抗勃艮地的白葡萄酒，包括一款特级葡萄园，3款一级葡萄园。

　　红葡萄酒方面同样也是6款加利福尼亚州的赤霞珠，来挑战波尔多的顶级酒：

　　Ch. Haut-Brion 1970，波尔多五大一级酒庄之一；

　　Ch. Mouton-Rothschild 1970，刚在1973年升上一级酒庄，正意气风发之际；

　　Ch. Léoville Las Cases 1971以及Ch. Montrose 1970，皆属波尔多老牌酒庄，被葡萄酒业界认可的超级酒庄。

　　经过史蒂芬·斯伯瑞尔请来的法国葡萄酒专家、侍酒师、庄主等人的品尝、打分之后，结果是加利福尼亚州Ch. Montelena

1973年的霞多丽赢得了白葡萄酒中的第一，Stag's Leap Wine Cellars 1973年则在红酒中拔得了头筹，皆击败了法国酒！

法国酒输掉之后，斯伯瑞尔被法国人杯葛，他委屈地说他挑这几款酒原来是为了让法国酒赢，而且他自己也根本没想过法国酒会输！这一场品酒会不能说是斯伯瑞尔心血来潮的冲动，但肯定不是他深思熟虑的结果，只是当作一件事情来做而已，竟然产生了意想不到的结局。

※Stag's Leap Wine Cellars

除了当事人和加利福尼亚州葡萄酒的庄主们，巴黎品酒会在当时并没有引起多大的关注，当其时的意义很多人包括当局者都还没有意识到呢！

整个事件在葡萄酒界的影响越往后越分明，最终还是被全世界所知晓，因为它标志着一个历史性的转折，不仅仅对于加利福尼亚州葡萄酒而言，同时也影响了世界葡萄酒业的发展和壮大。

1976年葡萄酒历史上这一著名的事件，后来被称为"巴黎评判"（The Judgment of Paris）。典故来自希腊神话中"帕里斯的评判"，特洛伊王子帕里斯(Paris)接受宙斯的授命要对3位女神的容貌作出"何者最美"的评判，因此却发生了木马屠城。而这次品酒会也有相同的影响，世界最知名的美国评酒大师罗伯特·帕克（Robert M. Parker）对此事的评价是："巴黎品酒会摧毁了法国至高无上的神话，标志了葡萄酒世界民族化时代的来临。这是葡萄酒历史的分水岭。"

第六节　品种葡萄酒

世界上最主要的酿酒葡萄品种不过数十种耳，以下红白各选10种简要述之。

红色葡萄	白色葡萄
黑皮诺	霞多丽
赤霞珠	雷司令
美乐	长相思
品丽珠	赛蜜蓉
色拉子	琼瑶浆
歌海娜	麝香
内比欧露	灰皮诺
坦普尼奥	维欧涅
桑娇维赛	白梢楠
金粉黛	阿里歌蝶

除了这些世界流行的葡萄品种，新世界各产区也偶有自己独特而知名的葡萄品种，比如南非的Pinotage，源自波尔多却在智利大放异彩的Carménère，同样源自波尔多而在阿根廷发扬光大的Malbec。

十种主要红色葡萄品种概要及其典型香气

黑皮诺Pinot Noir

　　勃亘地、美国加利福尼亚州、澳大利亚乃其经典产区，其他产区的黑皮诺大都不知所谓。多数的葡萄酒以酿出独特风格为佳，而黑皮诺这种葡萄个人认为要像勃亘地才佳。

　　其他名称：Pinot Nero、 Pinot Negro、 Spatburgunder、Blauburgunder、 Klevner等。

　　典型香气：

Stalky植物茎

Sappy植物汁液

Pickle腌渍品

Rhubarb大黄

Cranberry越橘

Strawberry草莓

Raspberry覆盆子

Cherry樱桃

Blackberry黑莓

Plum梅

Violet紫罗兰

Hay干草

Rose petal玫瑰花瓣

Gamey野味

Roast lamb烤羊肉

Barnyard畜棚场

Bacon fat培根

Earthy泥土味

Beetroot甜菜根

Tree bark树皮

Forest floor森林地表

Moss苔藓

Fungal真菌

Truffle松露

Cola可乐

Tar焦油

Prune西梅

Spice香料

※黑皮诺葡萄酒

赤霞珠Cabernet Sauvignon

赤霞珠在葡萄酒世界称王称霸，出身却隐晦不明。有人说它是波尔多古有的品种，有人说它来自古希腊；在某些地方人们叫它Bouche、Bouchet，甚至Vidure，也有人昵称其为Petit-Cabernet，或者Sauvignon Rouge、Ruby Cabernet等等。

就像是自少就被母亲抛弃了的王子，最终需要靠自己的努力来扭转乾坤，当然过程可能充满了曲折、传奇，也历经险阻，最后是光明和皆大欢喜。爱情么，不知道过程中它是否经历，但是它自己却正是爱情的结晶。美国加利福尼亚州大学戴维斯分校通过对葡萄基因的研究证实，赤霞珠原来是红葡萄品丽珠（Cabernet Franc）和白葡萄长相思（Sauvignon Blanc）嫁交的后代，最迟在17世纪就出现了，科学家们认为这是自然发生的，而不是人为有计划地进行，你的名字、我的姓氏，赤霞珠的身世原来已经镶刻在它的名字里呀。

※赤霞珠葡萄

※赤霞珠葡萄酒

　　赤霞珠葡萄颗粒小而皮厚，颜色深紫带蓝，其特性正是结合了品丽珠丹宁高、结构性强以及长相思香气芬芳和酸度活泼的特点，容易种植，对环境的适应性、抗病性强，也显示出杂交品种的优势。酿造出的酒，特性强，易于辨认，酚类物质含量高，丹宁深，颜色沉，酒体强健浑厚，特别适合橡木桶陈酿，酒质也具有较好的陈年能力。酒香有黑色水果的特色，如黑醋栗、黑樱桃和李子等；也深具植物性芳香，如青草、青椒、薄荷、尤加利树等；而来自橡木桶的烘焙香更为其增添了不知几许诱人的风姿，如甘草、咖啡、巧克力、雪松、雪茄盒、烟熏味等，最终使得它的香气丰富、馥郁而多变。其复杂的层次、深邃的口感、悠长的余味，也是大多其他品种所不能比拟的。

　　在波尔多，赤霞珠建立了自己的王国，左岸的美都、格拉夫是它的直属领地，美国加利福尼亚州的纳帕谷同是它的经典产区。顶级的出品包括1855年美都列级酒庄榜上的61家名庄、纳帕谷的Robert Mondavi Cabernet Sauvignon Reserve、Stag's Leap Wine Cellars Cask 23、Heitz Cellar Martha's Vineyard 、Opus One等。法国西南区、朗戈多克以及普罗旺斯也是它的势力范围，新世界的澳大利亚、智利，旧世界的意大利、西班牙，也都是用它酿造出赢得世界声名的葡萄酒。

典型香气：

Tomato leaf西红柿叶	Black olive黑橄榄	Eucalyptus桉树
Dusty尘土	Cherry樱桃	Aniseed八角
Asparagus芦笋	Blackcurrant黑加仑子	Violet紫罗兰
Capsicum辣椒	Mulberry桑葚	Fruitcake水果蛋糕
Green bean绿豆	Bramble悬钩子	Beetroot甜菜根
Leafy植物叶	Plum梅	Prune西梅
Herbal草药	Mint薄荷	Tea leaf茶叶
Seaweed海草	Menthol薄荷醇	Tobacco烟草

美乐Merlot

柔顺、丰腴，酒精含量丰富，波尔多右岸乃其典范，美国、澳大利亚、智利等新旧世界俱佳，皆有顶级出品。

其他名称：Merlot Noir、 Merlott、Bordo等。

典型香气：

Sappy植物汁液	
Black olive黑橄榄	
Sage鼠尾草	Plum梅
Herbal草药	Spice香料
Mint薄荷	Violets紫罗兰
Strawberry草莓	Perfumed香水
Raspberry覆盆子	Anise八角
Cherry樱桃	Earthy泥土味
Mulberry桑葚	Beetroot甜菜根
Bramble悬钩子	Fruitcake水果蛋糕
Blackberry黑莓	Tobacco烟草
Blackcurrant黑加仑子	Roasted sweet potatoes烤番薯

※美乐葡萄酒

🍷 品丽珠Cabernet Franc

赤霞珠的父系，以波尔多区最为出名，但只是作为配角的身份存在着。

品丽珠比较早熟，适合较冷的气候，丹宁和酸度含量低，以单一品种酿出的酒酒体不是太充分，适合浅龄时饮用，陈年能力稍差，但是葡萄本身含有的呈香成分足够，表现在酒里以草本植物、香草、覆盆子、紫罗兰以及非常特别的削铅笔的味道而出名。由于基因相似，在架构和味道方面可以增加赤霞珠的宽广度，补充并修饰雄壮粗旷的赤霞珠稍为欠缺的高雅细致，缺点是欠成熟的时候会带来青涩的枝梗味以及灌木或者森林的野性气息。

美国、澳大利亚等新世界产地由于气候能满足赤霞珠的生长成熟，品丽珠更是备受忽略的品种，只是在气候凉爽的中欧如匈牙利、意大利等地才会以单品种的面目亮相，酿出的常常也只是差强人意的酒款。

品丽珠做主角的产区在鲁瓦尔河谷中心地带Chinon和Bourgueil，离开大西洋海岸已经有一段距离，介于海洋性气候和大陆性气候之间的过渡地带，土壤以石灰质为主，品丽珠在这里有不错的发挥。

其他名称有：Brenton、Carmenet、Bouchet、Gross-Bouchet、Grosse-Vidure、Bouchy、Noir-Dur、Messange Rouge、Bordo、Cabernet Frank以及Trouchet Noir等。

典型香气：

Tarragon龙嵩	Blackcurrant黑加仑子	Mint薄荷
Capsicum辣椒	Plum梅	Mineral矿物质
Dusty尘土	Violet紫罗兰	Pencil shaves铅笔屑
Cherry樱桃	Musk麝香	Tobacco烟草
Blackberry黑莓	Perfumed香水	

※Château Beychevelle

🍷 色拉子Syrah／Shiraz

在法国叫Syrah，在澳大利亚叫Shiraz，也曾经被称作Hermitage。是一种精力充沛、扎扎实实的葡萄品种，法国隆河谷地是其家乡，可以酿出颜色黝黑、结构饱满、浓郁沉实、深具香气、强而有力的葡萄酒。澳大利亚以此种葡萄扬名立万，南非、智利等也时有佳作。

典型香气：

Balck olive黑橄榄	Briar石楠	Grilled meat烤肉
White pepper白胡椒	Plum梅	Salami意大利香肠
Black pepper黑胡椒	Jammy果酱	Earthy泥土味
Spice香料	Menthol薄荷醇	Chocolate巧克力
Raspberry覆盆子	Eucalyptus桉树	Leather皮革
Redcurrant红醋栗	Aniseed八角	Pine松树
Cherry樱桃	Licorice甘草	Soy黄豆
Blackberry黑莓	Gamey野味	Tar焦油

※Peter Lehmann

歌海娜Grenache

法国南部著名品种，西班牙里奥哈也广泛种植，在澳大利亚也能酿出优秀的酒来，通常是色拉子身边的配角。

其他名称：Grenache Noir、 Garnacha Tinta、Garnacha Tinto、Garnatxa Fina、Alicante、Cannonau、Cannonao、 Lladoner、Tinto Aragones、Tocai Rosso、 Tai Rosso等。

典型香气：

Pepper胡椒	Cherry樱桃	Gamey野味
Spice香料	Blackberry黑莓	Meaty肉香
Raspberry覆盆子	Briar石楠	Earthy泥土味
Confectionery糖果	Plum梅	Prune西梅
Bubblegum泡泡糖	Orange peel橘皮	

※里奥哈Bodegas Lan

内比欧露Nebbiole

Nebbiole有"雾"的意思，是意大利皮尔蒙特（Piemonte）的原生葡萄品种。Piemonte为山脚之意，阿尔卑斯山脉延伸至此，那些向阳的山坡自古便是优良的葡萄酒产地。

北方的秋天，特别是早晨山脚下的田园总会弥漫着如丝如缎的薄雾，这款葡萄便有了如此浪漫的名字；另一种说法，那就是这种葡萄会附着一层如雾般朦胧的白色表皮。

世界上最好的内比欧露葡萄酒一是Barolo，二是Barbaresco，欧洲传统的做派是以产地命名，二者皆是皮尔蒙特知名小镇的名称，成为名酒的典范，也是意大利葡萄酒法定产区最高级别DOCG设

※Ca'mia（Barolo）

立之初便跻身其中者。特别是近些年，单一葡萄园、单独酿造、单独装瓶、单独命名的概念越来越流行，葡萄酒和土地的联系更加紧密。

易种、耐寒、晚熟、黑紫色的内比欧露，酿出的酒的特色是结构严谨、丰厚集中、酸度明显、丹宁强劲、味道饱满，香气以黑枣、皮革、烘烤、沥青、西洋参、动物类的香气为主要特色。皮尔蒙特以出产名贵的白松露著名，松露的香气也是Barolo和Barbaresco葡萄酒标志性的香气，带着神秘的印记。但是年轻时不讨人喜欢，酒质固执坚强，酸度凸显，真正成熟后之鲜爽甘醇却让人一试难忘。这是一种深具沉默特性的葡萄酒，深契吾心。

传统酿造的Barolo可以陈酿50年以上，是意大利最伟大的葡萄酒，被称作"王者之酒、酒中之王"。

其他名称：Spanna、Picoutener、Chiavennasca等。

典型香气：

Green tea绿茶	Truffle松露
Dried rose干玫瑰	Chestnut板栗
Violet紫罗兰	Mocha摩卡咖啡
Camphor樟脑	Tobacco烟草
Cherry樱桃	Tar焦油
Plum梅	Burnt toffee太妃糖
Aniseed八角	

※Produttori Barbaresco

桑娇维赛Sangiovese

是意大利最典型、栽培最多的红葡萄品种，在意大利语中据说是"丘比特之血"的意思，翻译成桑娇维赛是一个很女性化的名字，翻译成山久唯雷则刚强又如男性，正象征着这种酿酒葡萄的多面性和流行与传统的不同风格。它的香气独特而迷人，异国的香料味中带有肉桂、黑胡椒和黑樱桃的气息，以及春雨后新犁开的泥土的芬芳，年轻时丹宁会倔得跟骡子似的化不开，陈年后却会是另一种风味。

用以酿制奇扬第（Chianti Classico）、Rosso di Montalcino、Brunello di Montalcino、Rosso di Montepulciano、Montefalco Rosso等法定产区葡萄酒。最知名的就是奇扬第，酒很好认，酒瓶颈部会贴有一只黑公鸡的图案。

其他名字有：Sangioveto、Sangiovese Grosso、Sangiovese Piccolo、 Brunello、Prugnolo Gentile、Morellino、 Nielluccio等。

※Gianni Brunelli

典型香气：

Rhubarb大黄	Perfumed香水
Caper刺山柑	Spice香料
Raspberry覆盆子	Gamey野味
Sour cherry酸樱桃	Tobacco烟草
Cherry stone小蛤蜊	Farmyard农家庭院
Plum梅	

🍷 坦普尼奥Tempranillo

西班牙最好的葡萄，在里奥哈地区扮演要角，而在斗罗河谷也占重要地位。

其他名称：Aragones、Cencibel、Tinto Fino、Tinta Roriz、Tinta del Pais、 Tinto Madrid、Tinto de la Rioja、Tinta de Toro、Tinto de Santiago、Ull de Llebre等。

※坦普尼奥葡萄

典型香气：

Herbal草药

Raspberry覆盆子

Cherry樱桃

Blackberry黑莓

Damson西洋李子

Bramble悬钩子

Plum梅

Balsamic意大利香醋

Earthy泥土味

Spice香料

Cold tea冰茶

Tobacco烟草

Brown sugar红糖

金粉黛Zinfandel

美国独有品种，别具一格，可酿红酒，亦可酿白酒，还可酿粉红酒。

※美国Carlisle Vineyard Zinfandel

典型香气：

Herbal草药	Loganberry杨莓	Walnut核桃
Tomato西红柿	Blackberry黑莓	Cola可乐
Pepper胡椒	Blackcurrant黑加仑子	Raisin葡萄干
Spice香料	Briar石楠	Earthy泥土味
Raspberry覆盆子	Plum梅	Tar焦油
Cherry樱桃	Fruitcake水果蛋糕	

※仙粉黛是美国加利福尼亚州种植面积最广的品种

十种主要白色葡萄品种概要及其典型香气

霞多丽Chardonnay

容易种植，在贫瘠、含石灰质的岩石地上长得特别好，而且拥有潜力可酿出品质优秀的酒，这些特点使其成为全世界种植区最受欢迎的品种。

在美国加利福尼亚州、澳大利亚，甚至新西兰皆可酿造出极棒的酒来，当然最高境界是勃艮地。

其他名称：Morillon、Pinot Chardonnay、Feiner Weisser Burgunder等。

典型香气：

Honey蜂蜜	Peach桃
Honeysuckle金银花	Melon甜瓜
Butter黄油	Mango芒果
Mineral矿物质	Quince温桲果
Flint燧石	Fig无花果
Cucumber黄瓜	Hazelnut榛子
Celery芹菜	Chestnut板栗
Green apple青苹果	Tobacco烟草
Grapefruit柚子	
Citrus柑橘	
Lime酸橙	
Perfumed香水	
Apple苹果	
Nectarine油桃	
White peach白桃	
Pineapple菠萝	

※澳大利亚Clonale

雷司令Riesling

德国是适合葡萄种植的纬度最高的国家，莱茵河流经之处，其中一段约20千米的狭长地段叫莱茵高（Rheingau），风光明媚，这里最出名、最具代表性的酒园是充满传奇故事的约翰山堡（Schloss Johannisberg）。海涅有诗："如我有幸能拥有一座山，定非约翰山莫属。"经典的晚收成甜白葡萄酒正诞生于此，促成这一美酒的那个歪打正着的"迟到的信差"之石像至今仍树立在酒堡的庭院之中。

本园历史悠久，早自8世纪起就种植雷司令葡萄，结果酒园已经和雷司令成为同义词，在葡萄酒世界里，最正宗的雷司令全名就是Johannisberg Riesling。

※雷司令葡萄

其他名称包括：Riesling Italico、Grasevina、Grassica、Laski Rizling、Olasz Rizling、Riesler、Vojvodina、Wälschriesling、Welschrizling、Welsch Rizling等。

雷司令葡萄树的木质性具有极强的抵霜御冻的能力，令其在寒冷产区表现出色。由于生长期长，一方面可以根据不同的成熟度酿造出各种型态的酒，从早收的清淡型白酒到极干的浓郁型白酒，甚至异常丰腴的晚收甜白酒；另一方面可以吸收足够的微量矿物质，从而形成独特的香气；而且一边在累积高的糖度、一边保持足够的酸度，使两个方面达到绝佳的平衡，从而建构了相当的陈年潜力。高品质的雷司令口感圆润、复杂，结构精致，香

※澳大利亚Grosset Polish Hill Riesling

气以柠檬、菠萝、苹果、忍冬属花香为特点，并以一种独特的"汽油味"让人称奇。德国、阿尔萨斯为典范性产区。

典型香气：

Pineapple菠萝	Pear梨	Floral花香
Flint燧石	Lemon柠檬	Perfumed香水
Mineral矿物质	Lime青柠	Bath salts浴盐
Kerosene煤油	Rose玫瑰	Cold cream雪花霜
Honeysuckle金银花	Jasmine茉莉花	Apple苹果
Orange peel橘皮	Herbal草药	Passionfruit西番莲
Citrus blossom柑橘类花香	Green apple青苹果	Guava番石榴
Tropical fruit热带水果	Grapefruit柚子	Quince温梓果
Citrus柑橘	Musk麝香	

长相思Sauvignon Blanc

　　长相思是早熟品种，果粒小，成熟时有非常特别的"青椒"香气，而酿成的酒以显著的酸度及草本植物的香气和味道为特征。

　　出身于法国的波尔多与鲁瓦尔河谷，在此二地种植面积最大，种植历史亦长，并传播到世界其他产区，因而也为长相思葡萄酒奠定了两种截然不同的风格路线。

　　在鲁瓦尔河谷中心及上游区域的普依富美(Pouilly-Fumé)和桑塞(Sancerre)，出产世界上最好的单品种长相思，并因土壤的特性而带给酒特殊的矿物、烟熏以及燧石的味道，表现出非常细微的复杂性。

　　在波尔多，最经典的则是长相思调配赛蜜蓉，生产世界顶级的调配干白葡萄酒和世界顶级的调配甜白葡萄酒。

※新西兰长相思葡萄酒

　　长相思以其独树一帜的香气和新鲜活跃的性质，为酒增加了复杂的滋味。

　　在美国，由于土壤和气候的关系，出产的长相思长久以来口味并不讨好，于是美国现代葡萄酒世界的先驱者罗伯特·孟大维（Robert Mondavi）在1970年代改变风格，用橡木桶培养出果香浓郁、宽阔复杂的新风味，带动并改变了加利福尼亚州长相思白酒的酿造方式。他将长相思改名为"Fumé Blanc"，这既是一种营销策略，也为了与之

葡萄酒入门

※长相思葡萄酒

前加利福尼亚州传统风格的长相思相区别，因为在鲁瓦尔地区当地的酒农又管长相思叫作Blanc Fumé。

然后，在南半球最南的国度，长相思又找到另一个家，那就是新西兰，这一新兴的凉爽产区这些年也以葡萄酒取得了巨大成功。羡慕不已的人说这是世界上唯一不费吹灰之力就可以生产白葡萄酒的地方，代表性的经典就是长相思。特别是南岛和北岛的南部区域，酿出的酒时髦，酸度厉害，偶尔还带点攻击性，人们认为它能够散发出压碎的荨麻一样的味道，更有优秀的黑醋栗苞芽、黄杨木、马鞭草、热带水果，甚至猫尿的气味，生气勃勃，风格独特，因清爽活跃而名闻遐迩，与传统的鲁瓦尔河谷长相思比较好像是完全不同的酒，打开瓶子就足以震慑四方。

在其他产区又被称作：Blanc Fumé、Fumé Blanc、Sauvignon Bianco、Sauvignon Jaune、Sauvignon Musqué、Muskat-Silvaner、Muskat-Sylvaner等。

典型香气：

Guava番石榴	Nettle荨麻	Gooseberry醋栗
Cats urine猫尿	Asparagus芦笋	Grapefruit柚子
Cut grass新割青草	Artichoke朝鲜蓟	Citrus柑橘
Boxwood黄杨木	Capsicum辣椒	Melon甜瓜
Passionfruit西番莲	Green bean绿豆	Mango芒果
Blackcurrant bud黑醋栗苞芽	Pea Pod豌豆荚	Mineral矿物质
Elderflower接骨木花	Vegetal植物	Flint燧石
Tropical fruit热带水果	Dill莳萝	Gunpowder火药
Green apple青苹果	Celery芹菜	Broom金雀花

赛蜜蓉Sémillon

这种葡萄肥硕饱满，酒色澄黄清亮，味道丰沛，容易入口，在其家乡波尔多地区和长相思做搭档，生产全世界最丰润、口味最丰富的甜白酒和干白酒。离开波尔多，澳大利亚是栽培赛蜜蓉最成功的地方。

其他名称：Malaga、Chevrier、Columbier、Blanc Doux、Wyndruif等。

典型香气：

Apricot杏

Honey蜂蜜

Fig无花果

Peach桃

Asparagus芦笋

Green bean绿豆

Pea Pod豌豆荚

Herbal草药

Gooseberry醋栗

Green apple青苹果

Lemongrass香茅

Lemon柠檬

Citrus柑橘

Hay干草

Apple苹果

Pear梨

Tropical fruit热带水果

Lanolin羊毛脂

Biscuit饼干

Toast面包

Smoke香烟

※Waverley Estate

麝香Muscat

麝香葡萄的特性是有着优雅而又特别的香气，这种香气包括了浓郁的香料、柑橘类、花香、红砂糖等，非常吸引人。这些独特的香味来自于葡萄本身的果糖，如其糖分在发酵时全部转换为酒精，香味会随之消失，因此一般酿造麝香葡萄酒时，会在发酵过程完成之前就停止，以保留它那独特的芳香气味，所以麝香葡萄酒大多都稍甜并且残留着一点二氧化碳，以增加活泼的口感。

其酒精度不高，芳香甜润，适合纯饮，作为餐前开胃酒更佳，也适宜年轻时饮用，清新的香味、爽脆的口感，就像正咬破一颗新鲜葡萄一样，而好的麝香葡萄酒余味中会有一丝来自葡萄皮的轻微的苦涩，亦予人以愉悦之感。在意大利、西班牙、法国、德国、澳大利亚等地都能生产出不错的酒。

作为酿造白葡萄酒的其中一个知名品种，麝香葡萄在各产区皆有种植。它源自地中海沿岸，其实称不上是一种单一葡萄品种，而应该是一个葡萄品种的群系，在这个群系中，葡萄的颜色从白色、绿色、淡黄、棕色、粉红到黑色都有，甚至同一株葡萄树上生长的葡萄也会呈现颜色差异；有些葡萄被新鲜食用，有些制成葡萄干，有些用来酿制普通餐酒，有些则是高级葡萄酒。

其群系的其他名称：Muscadelle、Muscadet、Muscardin、Moscato、Moscatel等。

典型香气：

※麝香葡萄酒

Grapey葡萄味	Jasmine茉莉花	Orange peel桔皮
Perfumed香水	Ylang ylang依兰油	Fruit salad水果色拉
Musk麝香	Floral花香	Dride fruit干果

108

🍷琼瑶浆Gewürztraminer

其历史远溯埃及、希腊，而可信的渊源或许开始于意大利北部阿尔卑斯山脉靠近德国、奥地利边境的德语裔地区Alto Adige的村庄 Temeno(Tramin)，是和Traminer葡萄特色相近的表亲。Gewürz在很多文章经常被翻作"辣"或者"辛辣"、"辛烈"，但是更接近和熟悉德国语言、文化的葡萄酒作家译的也许更准确，就是"香"、"使香"或者"香料"、"加香料"、"更香"。

其家族蛮热闹，名字则多数是以Traminer开始或者结束，如Traminer Musqué、Traminer Parfumé、Traminer Aromatique (或Aromatico)，以及Rotor Traminer、Gewürztraminer。而Gewürztraminer也被叫作Edeltraube、Rousselet、Savagnin Rosé、Tramini及Traminac。

※阿尔萨斯琼瑶浆（图片由Hugel et Fils酒庄提供）

琼瑶浆晚收成的甜酒十分出色，而不甜的也以辛辣建立了风格，不过奇特的香才是它最与众不同之处。与大多数白葡萄酒相比，其充分的酒体更强大，口感也更顽固一些，花果味和香料香是它隐含的2个主味，柳橙、葡萄柚、奇特的荔枝、高雅的玫瑰、干燥的花瓣、古龙水、雪花膏，甚至姜、矿物味等都可能会出现。

只有一个问题，那就是在酒塞没打开之前，你不会知道瓶子里的酒到底有多甜或者多干。最经典的产区就是阿尔萨斯和德国。

典型香气：

Rose玫瑰	Cold cream雪花膏	Mango芒果
Lychee荔枝	Musk麝香	Guava番石榴
Grapefruit柚子	Lavender熏衣草	Tropical fruit热带水果
Citrus柑橘	Potpourri百花香	Spice香料
Cologne古龙水	Floral花香	
Perfumed香水	Passionfruit西番莲	

🍷 灰皮诺Pinot Gris

甜美多汁，以德国、阿尔萨斯、意大利出产的享有盛名，新世界国家新西兰近年也进步迅速。

其他名称：Pinot Grigio、Rulander、Grauburgunder、Grauer Burgunder、Grauer Riesling、Grauklevner、Malvoisie、Pinot Beurot、Auvernat Gris、 Auxerrois Gris、Tokay d'Alsace (prior to 2007)、Szurkebarat、Sivi Pinot等。

典型香气：

Pear梨	Apricot杏
Rose玫瑰	Honey蜂蜜
Lychee荔枝	Nutty坚果
Floral花香	
Perfumed香水	
Apple苹果	
Nectarine油桃	
White peach白桃	
Guava番石榴	
Passionfruit西番莲	

※Shaky Bridge的灰皮诺和琼瑶浆

维欧涅Viognier

很少单独酿酒，在法国南部有时候会
用来稀释色浓味重的红色品种色拉子，倒是
在澳大利亚和智利酿出了独特风格。

典型香气：

Citrus柑橘

Orange blossom柑橘类花香

Violet紫罗兰	Lychee荔枝
Iris鸢尾花	Pear梨
Ylang ylang依兰香	Peach桃子
Floral花香	Apricot杏
Perfumed香水	Tropical fruit热带水果
Musk麝香	Marmalade果酱
White melon白蜜瓜	Honey蜂蜜

白梢楠Chenin Blanc

以鲁瓦尔河谷最为出名，新世界则是南非。

其他名称：Chenin、Pineau、Pineau de la
Loire、Pineau d'Anjou、Steen、Pinot Blanco
等。

典型香气：

Cut grass新割青草	Apple苹果
Herbal草药	Pcach桃了
Green apple青苹果	Tropical fruit热带水果
Citrus柑橘	Spice香料
Perfumed香水	Sweaty汗水味
Hay甘草	

阿里歌蝶Aligoté

勃艮地另一白色品种，酸度高，新鲜清淡，但与霞多丽相比，如出自名家之手却又大不相同。

其他名称：Plant Gris、Blanc de Troyes、Vert Blanc、Chaudenet Gris、Giboudot Blanc等。

典型香气：

Mineral矿物质

Flint燧石

Green apple青苹果

Grapefruit柚子

Citrus柑橘

Lime酸橙

Perfumed香水

Apple苹果

Peach桃

※Bourgogne Aligoté

第三章　品尝篇

第一节　葡萄酒色香味的形成

　　葡萄，只是一个笼统的名称，有很多种类和品种，现代的酿酒用葡萄都是经人工驯化培育而来。如果有机会走进葡萄园，从葡萄藤上剪下一串葡萄，你会看到葡萄串都连着果梗，葡萄果实通过果柄和果梗相连。

　　葡萄酒是用新鲜成熟的葡萄果实榨汁酿造而成，有些顶级酒庄还会整串一起榨汁，柄、皮、肉、核——葡萄的这4个部分在葡萄酒的酿造中占有重要的地位，他们的比例关系、成熟程度、品质好坏直接对酒有莫大的影响。

※勃亘地夜丘La Tâche葡萄园

葡萄的成分

梗

柄

皮

果肉

籽

雌蕊

葡萄各部位的主要成分

部位	主要成分
葡萄梗串及柄蒂	80%的水分； 10%的木质纤维； 3%的丹宁； 微量的树脂类、钾、铁等矿物质以及有机酸和糖分
葡萄果皮	70%～80%的水分； 20%～25%的纤维素； 1.5%～2%的矿物质（主要为钾、钙、磷酸盐等）； 0.2%～1%的有机酸（主要为酒石酸、苹果酸）； 0.5%～2%的色素、风味物质、丹宁
葡萄果肉	65%～80%的水分； 15%～30%的糖分； 0.2%～1%的有机酸（主要为酒石酸、苹果酸、柠檬酸）； 微量的矿物质及果胶
葡萄籽	水分、纤维素以及丹宁

葡萄因成熟度不同，果实所含的成分也大不相同，在不同时期各成分亦明显的不同。

第1个时期：刚挂果，葡萄的颜色为绿色，体积和容积很快地增加，产生各种成分，特别是水分和酸类物质。

第2个时期：转色期，葡萄重量不再增加，糖类物质逐步增多，酸类比例减少。

※第1个时期的葡萄

第3个时期：糖分继续增加，酸类继续减少，同时酚类物质开始成熟，当糖分不再增加时葡萄也就完全成熟了。

第4个时期：也叫做超成熟时期，葡萄成熟后却不实行即时采摘，让其在枝上失去水分，浓缩糖分。延迟收成的葡萄常用来制作甜酒，还可获得一种特有的芳香。

※成熟的葡萄

葡萄汁中最主要的成分是糖与酸，也是这2种成分直接影响葡萄汁的质地。

糖被一种叫作酵母的微生物分解成"酒精"，是葡萄酒中不可缺少的物质，也可以说是葡萄酒的灵魂。

至于酸，能够保证葡萄汁发酵良好，使葡萄酒容易贮藏，并让酒获得一种鲜明的颜色，产生一股新鲜的味道并组成酒中特有的清香。

当葡萄不够成熟，葡萄汁的糖分就不够，酸度相对一定很高；当葡萄过于成熟，葡萄汁中的糖分就太高，酸度相比则不够。

所以，葡萄成熟就是糖与酸达到恰当的比例关系。而对于顶级葡萄酒而言，酚类物质在同一时间达至成熟则更显重要。

葡萄酒的成分

※意大利Toscana

水：水是葡萄酒的主要成分，来自葡萄根系吸收的天然植物性纯水，是色香味物质的载体。葡萄酒中的水分含量为80%～90%。

酒精：是由葡萄所含糖分发酵转化而成的乙醇，其形成受原料含糖量、酵母菌种类及发酵条件等因素影响。葡萄酒的酒精含量一般为7%～22%。

二者之外，由葡萄带来及发酵之后产生于葡萄酒中的其他微量物质超过1 000种，现代科技已可检测出的物质超过600种，其中主要成分有葡萄糖、果糖等糖类；酒石酸、苹果酸、琥珀酸、乳酸、醋酸等有机酸；甲醇、正丙醇、异丙醇、异丁醇、戊醇、甘油等一元醇及多元醇类；丹宁、色素等酚类化合物；果胶、树胶物质；氨基酸、肽、胨等含氮物质；微量矿物质；乙醛以及多种维生素；香槟或气泡酒还需保留二氧化碳。

葡萄酒之酒体构成

葡萄酒的酒体，指的是构成酒的色香味各种成分之总和。酒体是酒的物质基础，反映在人感觉器官的综合感受上。

酒体包含着2个内容，即色香味的完整性和协调性。完整性是指酒的各成分是否完全；协调性是指酒中各成分在感官表现上是否协调。

🍷 颜色物质

葡萄酒的颜色主要来源于葡萄皮所含的花色素，葡萄的色素大多时候只存在于葡萄皮中，红色品种主要是花色素，这是一种红色素，或呈蓝色；而黄酮醇则是黄色素，在红色品种和

※葡萄酒的颜色主要来源于葡萄皮所含的花色素

白色品种中都存在。就葡萄的起源而言，最先出现的是红色品种，白色品种来自红色品种的基因变异，以及人类选择性的刻意培育。

葡萄色素成分非常复杂，因品种不同色调各异。红葡萄有淡红、鲜红、深红、红黄、褐色、浓褐、赤褐、蓝、紫蓝、黑色等颜色；白葡萄有白、青、黄、白黄、金黄、浅黄等颜色。除了极少数品种的果肉也含有色素，一般来说酿酒品种的葡萄的果肉是不含色素的。

🍷 香气物质

葡萄酒的香气首先来自原料即葡萄本身带来的香气，称为果香，不同的葡萄品种具有不同的香气；然后就是发酵及陈年过程产生的酒香，两者协调地融合在一起，赋予葡萄酒独特的个性。

※橡木桶陈年，陈年过程中会产生酒香

果香又称原生香气，多由存在于葡萄皮层内的芳香油及一些化学物质所构成，刚酿制的酒果香最浓郁、新鲜，随着时间推移，强度和清新感会逐渐减退和消失。

酒香又称次生芳香，在发酵过程中产生，是酵母的代谢产物。酿造和陈储容器也会对酒香产生影响，使用橡木桶会增加香气，装瓶之后也会生成新的香气。

葡萄酒的香味物质主要由酯类、醛类、挥发性脂肪酸类以及高级醇等成分组成，其中一些中性酯类，如丁酸乙酯、己酸乙酯等对香气有特殊的影响，是香味的主体成分。此外，氨基酸的分解产物，也能产生一些幽雅的香气。

🍷 甜味物质

葡萄酒中的甜味物质有两类，一类是糖，来源于葡萄浆果的果糖、葡萄糖，以残糖的形式存在于半干、半甜至甜型葡萄酒中，亦有少量存在于干型葡萄酒中；另一类则是酒精发酵过程中的产物丁二醇、甘二醇、甘油等，包含乙醇（即酒精），皆有甜味或可增强甜味。

※勃艮地Montrachet Grand Cru

酸类物质

　　酸类是葡萄酒的重要口味物质，与酒的风味以及贮藏性有极大关系。葡萄酒中的有机酸共有6种，分别是来自于葡萄果实的酒石酸、苹果酸和柠檬酸，以及来自于酒精发酵和细菌活动形成的琥珀酸、乳酸和醋酸。

　　酒中含酸量过低，口味会显得寡淡、乏味，贮藏性差；含量过高，则酒体粗糙、生硬，影响协调。

　　酸与酒精化合组成醚，而大量醚的组成却要经过很长的一段时间，因此葡萄酒的醇香需要储藏数年才能充分地显露出来，这也是为什么好的葡萄酒陈年之后更香醇、更适口的其中一个缘故，也是酸类物质在葡萄酒陈年风味上所做出的贡献。

酒味物质

　　葡萄酒的酒味是由具辛辣味的醛类物质和具刺激、温热感的酒精之综合体现。酒精能够带出气味，但也能够掩盖其他气味。酒精含量低，口味薄弱、平淡；酒精含量高，则突兀刺激，过高的酒精会降低葡萄酒的香气，需和其他成分协调，以柔和、醇厚为佳。

醇类物质

除了乙醇，酒精发酵过程中也会产生其他醇类，含量极少，且不宜过高。

酯类物质

酯类物质是在酒精发酵过程中产生的，属芳香物质，因此，一般比较芳香的酒含酯量都较高，酒类中所含各种酯类可达数十种。

醛类物质

酒中的醛类物质是造成刺激性和辛辣味的主要成分，但也可增加芳香。

矿物质

葡萄酒中的矿物质通常以阳离子和阴离子两种形式存在，这些物质主要来源于土壤。矿质元素在人体生成氧化物，按其性质分为酸性物质如磷、氯、硫、碘等，以及碱性物质如钙、镁、钠、钾等。葡萄酒中的矿质元素多是碱性物质。而葡萄酒虽然含各种有机酸，在味觉上呈酸性，但有机酸经人体氧化后在生理上并不显酸性，所以葡萄酒是属于碱性饮品。

※ 葡萄园土壤

咸味物质

在酒中含量极少，也很少表现出咸味来，但少量的咸味物质可以促进味觉的灵敏，使酒味更加浓厚。

苦味物质

葡萄酒中的苦味主要来自丹宁，质量不好或者含量过高、年轻的酒都会表现出苦味来，随着陈年过程，丹宁成分会减少，和别的物质结合或者形成沉淀而去除，苦味就不显露了。如酒被氧化，则一些酚类物质聚合成醌，也会增加苦涩味。另外酿造过程的污染也会造成苦味。

多酚物质

葡萄酒中的多酚类物质是由许多结构及成分特质迥异的物质组合而成的一种物质，又可分为色素和无色多酚两类，是红葡萄酒之颜色来源及重要的口感要素。

※葡萄树

※挂果

多酚物质主要是由类黄酮和非类黄酮单体组成，单独或结合起来产生的聚合体称为丹宁，是构成红葡萄酒中苦味和涩感的主要成分。类黄酮主要为花色素、黄酮醇及黄烷醇（主要存在于葡萄籽），非类黄酮主要为二苯乙烯多酚（如白藜芦醇）及鞣花丹宁（来自橡木成分）。

葡萄的色素成分溶于水和乙醇，在乙醇中的溶解度比在水或葡萄汁中大。

红葡萄酒的酿造是葡萄皮和葡萄汁一起发酵，通过浸渍作用而将色素成分溶解在酒里；白葡萄酒的酿造则是在发酵前将皮和籽分离出去，因此酒中不存在葡萄皮和葡萄籽多酚。

在发酵前葡萄汁中几乎是不含丹宁的，它的出现是在酒精产生的时候，葡萄各部分所含的丹宁成分才开始溶解于酒中。

葡萄酒中有一种多酚源自橡木桶（或者块、粉），尤其是新的橡木桶。新鲜橡木含有天然高浓度的非类黄酮多酚，根据化学结构之不同称为水解丹宁，来自葡萄的多酚则称为缩合丹宁。当酒在橡木桶中长时间熟成时，这些成分有机会溶入酒里。

红葡萄酒中的多酚成分十分复杂，视不同的葡萄品种、采收时的成熟度以及酿酒方式而有所不同。此外，多酚为不稳定分子，在发酵及熟成过程中，经由相互化学作用又产生许多成分，而且多酚物质之间、多酚物质和其他物质之间很容易发生聚合作用以及分解作用。

一些多酚和花色素分子结合可形成稳定的色素物质，从而保持葡萄酒的颜色。多酚化合物主要是非挥发性成分，他们可以与挥发性物质结合，增加后

※Domaine Bizot Échézeaux 2010

者的溶解度，降低其挥发性，影响到香气，所以，丹宁含量越低，果香越明显；随着陈年，小分子丹宁会聚合成大分子，也会和其他大分子物质相结合，如和多糖、蛋白质、酒石酸、糖等发生聚合分解作用，形成的复合物随着时间会逐渐增多增大，变成酒中的沉淀物。多酚还具有易氧化的特性，因此在微氧或厌氧的条件下可延缓其他物质的氧化，从而保持葡萄酒质量的稳定以及减缓氧化变质的进程，这也是红葡萄酒能够陈年的一个主要因素；而在开瓶之后，多酚物质的氧化又是酒的香气变幻多端、口感丰富多变的一个原因。

这些自然改造的变化都会在相应的新年份或是老年份葡萄酒的颜色、味道及口感上体现出来，这都是葡萄酒最大的奥妙因子。

正是因为多酚物质在葡萄酒的陈年能力和风味上具有如此大的作用和影响，酿酒时对多酚物质的萃取就显得异常重要，萃取过低消耗量不足以保证酒的陈年需求；萃取量过高或者质量不好丹宁会表现出苦味来，妨碍口感由收敛性向柔和性的转换；只有适量而质量又好的多酚萃取，才能够保障和促进葡萄酒品质的发展和陈年的转化，这也是随着陈年有些酒变好了，而另外一些酒只是变老了的一个重要原因。

所以要酿造高质量又具陈年潜力的葡萄酒，葡萄采收时酚类物质的成熟甚至要比糖和酸的成熟度更为重要。

橡木桶的影响

橡木中的葡萄酒和葡萄酒中的橡木是两个不同的概念。

葡萄酒的定义里可没有橡木成分，橡木桶开始只是作为贮藏和运输的容器而与葡萄酒发生第一次亲密接触。

当代酿酒学上橡木和葡萄酒的关系可分三种：一种是将酿好的酒放进橡木桶里作陈酿贮存用，等待酒质的稳定然后装瓶；一种则是在橡木桶里酿造或者阶段性地酿造，然后用橡木桶陈贮，等待装瓶；第三种则是在不锈钢罐内酿造而加入橡木块或橡木粉等橡木成分，使其融入酒里，对酒味产生影响。

确切地说，葡萄酒其实在大多数情况下和橡木并没有直接的接触，而是与烘烤过的橡木表层生成的橡木炭接触。

适合葡萄酒的橡木生长在许多国家，而以法国和美国为佳，法国橡木纤维粗、透水性强，要根据纤维纹理劈开制桶，耗材费力；美国橡木纹理密、透水性弱，可任意锯开，省力节用。

※新、旧橡木桶

根据来源和使用方式，橡木有多种类型，包括法国橡木、美国橡木和其他来源的橡木；并有烘焙程度之别：轻度、中度、深度和未经烘焙的；以及第一次使用的新桶、使用过的旧桶；还有橡木块、锯屑、粉末、液状等添加方式。

※橡木桶

　　橡木桶陈酿对葡萄酒有几个方面的影响，一是能帮助稳定酒的颜色；另外橡木的通透性，有利于酿制过程中酒液的自然澄清和二氧化碳的挥发，在填桶和换桶的时候微量的氧气也可进入桶内，在控制氧化作用对葡萄酒品质和陈年能力方面有着重要的影响；经过干燥和烘烤的一些橡木成分也会溶解于酒中，如水解丹宁、多糖、橡木内酯、丁子香酚、香草醛等，会丰富酒的香气，也会对颜色和口感造成影响。

　　橡木桶陈酿对高品质的红葡萄酒来说是非常重要的一个阶段，对白葡萄酒的影响则主要在于乳酸发酵时酵母菌的参与及其与橡木的反应，酵母自溶物会增加酒的香气，并且会与多酚物质结合而分离出来，限制丹宁物质溶进白葡萄酒中。

葡萄酒的瓶中岁月

　　葡萄酒装瓶之后一般还需要经过一段时间的稳定期，才会推出市场销售。而在橡木桶的贮存过程中，通过添桶、换桶、试酒、装瓶等过程溶解入葡萄酒中的微量氧气，会产生一些还原性物质，封瓶之后在厌氧的状况下发生氧化还原作用，葡萄酒陈年的香气就是在这种情况下形成的。

　　在瓶子里葡萄酒中的成分依然会发生变化，特别是酚类物质、丹宁分子的优化组合，酸与醇的脂化反应，芳香物质的分解结合，酒精由小分子结合为大分子等，各成分间一系列的氧化、还原、聚合于

※葡萄酒瓶

其他成分并产生化合等物理、化学反应，酸性物质、糖性物质、芳香物质、酒精都会参与进去，形成大分子物质，产生沉淀，改变酒中各成分的组合，刺激性会降低。熟成过程就是一边失去一些物质、一边又转变成一些物质，一些物质会失去风味、同时又会形成一些风味，从而影响葡萄酒的感官属性。这是一种从可知向度向不可知向度的转换，也是从一种质到另一种新质的变化，就在这些转化里葡萄酒的审美价值纯粹而完全地体现出来。

※在酒瓶里葡萄酒的成分依然会发生变化

发生在瓶子里的变化有时候非常简单，有时候异常复杂，即使同一箱酒在相同的环境陈年之后，每一瓶酒的风味也会有差异，科学在这时候帮不上太多的忙。

葡萄酒的陈年既是一种可能性，也有它的必然性。

年轻时候的葡萄酒更多体现出品种、产地、酿造方式等个性的风格，特别是在香气上会表现出葡萄酒的特殊性和多样性。随着瓶中陈年，这些个性的东西会渐渐隐灭，葡萄酒的一般性即共性的特征会越来越显露，这就是不同产地的陈年老酒会变得很相像的原因。

具有陈年潜力的葡萄酒并非在年轻时不适饮，而是陈年之后会发展出不一样的复杂的风味，口感也将从年轻时的壮怀激烈转化为婉约柔和。

没错，时间可以改变葡萄酒的风味，不过，陈年对葡萄酒来说固然会有"陈"的特征，但不是一定就有"好"的特征，经过陈年的酒有些是会变好了，但大多数的酒仅仅是变老了，一切取决于酒本身的等级和潜质。

正因为如此，对于瓶储的条件也是有要求的，如何保障酒陈年的质量，封瓶方式、存放环境会产生最大的影响。在封瓶良好、低温、弱光的状态下，葡萄酒缓慢、平静地发生生物的、物理的、化学的变化，可延长葡萄酒的储藏时间和饮用寿命。

必要的界限

※天然软木塞

葡萄酒的封瓶方式，一般分为天然软木塞、软木复合塞、化学合成塞、金属扭盖等。

天然软木塞，是由常绿乔木栓皮槠（又称软木塞橡木）的树皮制成。栓皮槠是世界上现存最古老的树种之一，距今约有6000万年的历史，树皮剥离以后又会再生，主要生长在葡萄牙、西班牙及几个地中海沿岸国家。

《唐吉诃德》一书常常提到这种树木："那个酒囊挂在一棵栓皮槠树上，这样酒可以更凉些。"在第11章中当唐吉诃德吃着牧羊人的橡子，对这种给人类带来无尽奉献的树木作出由衷的赞美："茁壮的栓皮槠树落落大方地褪去它宽展轻巧的树皮，在朴质的木桩上盖成了房屋，为人们抵御酷暑严寒。"

栓皮槠有非常长的生命周期，根据葡萄牙软木塞协会的生产标准，当树龄达到25年才能开始收割树皮，第一次收成称为"处女软木"，以后每隔9年才能回到同一棵树再行采剥。不过，前2个采收年的树皮还不能拿来做瓶塞，要等到第3个采收年，树皮的厚度和密度才能达到制作软木塞的理想要求，采收的极限为16次左右。

采回的树皮按厚度和质量分成不同等级，首先要经过6个月的风吹、雨淋和日晒，还要在沸水中浸泡蒸煮，再稳定3周后才能进入软木塞制作环节。按既定尺寸把树皮切割成片，然后用冲压模具进行冲孔，冲出的圆柱体木棒即是一个软木塞。

天然软木塞具蜂巢结构、密度低、弹性佳、可伸缩性强、良好的抗热涨冷缩性、不渗透、抗腐坏、抗分解、抗变质等特性，密封原理是压缩挤入瓶口然后回胀封住瓶口不使酒液外泄，寿命约为20年，在保存葡萄酒的同时，作为密封葡萄酒和空气之间最后的界限，促进葡萄酒在瓶中进一步地成长。

天然软木塞的规格通常为：直径24毫米（葡萄酒瓶口的直径为18毫米），长度为38~54毫米。一般来说，葡萄酒的等级越高，选用的软木塞越长。通常还会印上酒庄名、年份、庄徽、城堡图案等信息，和酒标一样作为酒的身份证明。

这也是侍酒过程中一个仪式般举动的来源。在餐厅点酒，酒侍开瓶之后，会把软木塞呈送给客人检查，看和酒标上的信息是否一致，储存的状况如何，必要时还可拿起来闻一闻。如果软木塞干裂或发霉、信息不符、酒质可疑，客人有权要求更换一瓶。

天然软木塞是传统自然的封瓶工具，一向被人推崇，其实就功能而言，只要能够达到目的、保持效果，并不存在孰优孰劣的问题，现在很多金属扭盖、合成塞都可以做到和天然软木塞一样的封瓶效果，又能免除天然软木塞有时候无可避免的细菌污染问题和使用寿命有限、时间太久会丧失效果等缺陷。

※气泡酒的软木塞

※软木塞

"呼吸"

我们在一呼一吸之间闻到了气味，并证明我们活着。

不过这里的"呼吸"说的是酒。有一种说法是氧气会透过软木塞进入瓶中，让酒呼吸从而变得更好，其实这种情况是由于软木塞随着陈年逐渐失去弹性，从而使得空气从软木塞和瓶壁之间渗入，而如果软木塞的状态良好，这种情况是不会发生的。

软木塞无法百分百密封葡萄酒，从一个现象我们可以看得出来，那就是陈年老酒的酒液总会有耗损，即使软木塞完整无缺，酒的液面也会发生下降的情况。

※葡萄收成

※酒窖中的橡木桶

用来表示葡萄酒耗损程度的术语——高肩、中肩、低肩，是以瓶颈位置葡萄酒液面的高低而定，与耗损程度和陈年时间、存储条件、软木塞的状况相关，和酒质以及风味倒没有必然联系。

真正的"呼吸"现象并非发生在软木塞，而是酒窖中的橡木桶，因为橡木具有通透性。相比葡萄酒，白兰地、威士忌等蒸馏酒在橡木桶的贮存时间更长，每年都会有2%～4%的蒸发损耗，酿酒者只能无奈地称其为"天使的份额"。

因此，葡萄酒收藏时存放环境的湿度问题其实也是"古老智慧"用在了错误的地方。只有存放橡木桶的酒窖才需要讲究湿度，高湿度的环境才能让橡木湿润、缝隙密实，从而使空气和酒液的呼吸交换作用保持在可控的状况下。葡萄酒装瓶之后的收藏，如果仅就对酒质的影响而言是无需讲究湿度的，因为外在环境的湿度对软木塞的影响微乎其微。软木塞的湿度来自葡萄酒长期躺着放，由酒液接触给予的滋润。

※换瓶

第二节　葡萄酒的品味

　　品尝葡萄酒过程中所使用的感觉器官包括眼睛、鼻子、嘴巴等，通过观色、闻香、品味、定格来品鉴一款酒。

　　所谓的品鉴，用专业术语来说就是感官分析。我国国家标准《感觉分析术语》（GB/T 10221-1998，国际标准ISO 5492:1992）对感官分析和相关词汇做了定义："感官分析"（sensory analysis）就是用感觉器官检查产品的感官特性；"感官的"（sensory）就是与使用感觉器官有关的；"感官特性的"（organoleptic）就是与用感觉器官感知的产品特性有关的；"感觉"（sensation）则是感官刺激引起的主观反映。

　　感官分析就是利用感官去了解、确定产品的感官特性及其优缺点、并最终评价其质量的科学方法，即利用视觉、嗅觉、味觉对产品进行观察、分析、描述、判断、定义和分级。

※Biondi Santi

※Chevalier-Montrachet

　　葡萄酒感官分析有4个阶段：察色、闻香、品味、评格，具体的4个步骤是：

　　1.利用感官进行观察，以获得相应的感觉；

　　2.对所获得的感觉加以描述；

　　3.与已知的标准进行比较；

　　4.最后进行归类分级，并作出评价。

　　每一种葡萄酒都具有特有的颜色、香气和味道，按照自然与我们的认识能力相适合的原则（康德《判断力批判》），葡萄酒所有的这些特征通过刺激我们的神经感受器而产生信息，并通过神经纤维传往大脑，从而引起感觉。

　　神经感受器包括：视网膜（眼睛）、嗅觉纤毛（鼻子）、味觉细胞（口腔）等。

当我们品尝葡萄酒的时候，首先用到的是视觉。通过眼睛了解葡萄酒的外观（appearance）、颜色（color）、澄清度（limpidity）、光泽度（brightness）、流动性（fluidity）或者呈泡性（bubbles）。

第二种感觉是嗅觉，在葡萄酒入口之前首先用鼻子嗅闻，这时候利用的是鼻腔嗅觉（nasal olfaction）。

葡萄酒入口之后用到的第三种感官是口腔，葡萄酒的口感，既包含了味觉，也包含了口腔触觉和黏膜反应，亦会利用到嗅

※利用视觉、嗅觉、味觉品味葡萄酒

觉，即鼻咽嗅觉（nasopharyngeal olfaction），也就是我们常说的口香。

味觉方面，基本味道有酸、甜、苦、咸、鲜、油以及金属味等。

触觉方面，包括对温度、涩度、稠度、黏度、滑腻度以及丰满度的感受。

辣，不是一种味道，而是由触觉和黏膜反应所引起的，在葡萄酒中指的是由酒精的脂溶性和脱水作用而引起的热感和苛性感等。

所以，我们常说的葡萄酒的味道（taste）其实包含了基本味觉、触觉和刺激感，以及通过鼻咽感知到的气味，这也就是葡萄酒在口腔中的整体风味（flavor）。

品酒随笔

工欲善其事，必先利其器：酒杯的问题

波尔多型酒杯
香槟酒杯
勃艮地白葡萄酒杯/霞多丽酒杯
长相思酒杯
勃艮地红葡萄酒杯/黑皮诺酒杯

在品尝葡萄酒时，红葡萄酒、白葡萄酒、香槟各有规则，基本上红葡萄酒需要和空气接触时间久一些、面积广一些，香气才会达至最佳，所以红葡萄酒杯相对会大一些、容量多一些；而白葡萄酒饮用温度稍低，入杯之后须避免升温过快，所以白葡萄酒杯相对小一些、容量少一些；香槟因有气泡，窄而高身的杯型最为适宜。

"礼之初，始诸饮食"（《礼记》），饮食之道也就是礼仪之道，《左传》有言："器以藏礼"，器为载体，礼与道皆在其中矣，而酒器乃礼器之大宗也，所以要学酒，先学用杯，葡萄酒文化亦始于此。

太多的文章教人喝葡萄酒一定要用高脚杯，是否专家看的就是你拿杯的手势；而且玻璃杯不行，一定得是水晶杯，轻薄、透明，便于察颜观色，千万不能有色彩、装饰和花纹；然后就是杯

子的形状和大小，对酒香的挥发和凝聚有着不可估量的影响，杯口的线条和弧度，更能决定酒浆流入口腔的角度、流到舌面的位置，从而影响了酒的味道以及对酒的感受。因为这套理论，各大水晶杯公司推出了一个又一个系列的酒杯，为不同的产区设计了不同的酒杯，为不同的葡萄品种设计了不同的酒杯，甚至还为人设计了不同级别的酒杯：侍酒师系列、大师系列等等。

专家们宣称："同一瓶酒，用不同的酒杯品尝，你会以为自己在喝另一瓶酒。"

真的是这样么？

"形而上者谓之道，形而下者谓之器"（《易经》），作为器的酒杯赋予了葡萄酒能够被感官感觉到的形式，使得酒的风味、品质被我们知道。酒不是因为不同的杯而有了不同的味道，而是因为不同的杯空间形状不同因而呈现出来的酒的面貌才不一样。

酒浆的随器赋形特性，即表面与空气的接触面积、挥发的程度、酒杯的高矮胖瘦对香气拢聚的影响等，造成了香气和口感的差异，但

※郁金香状酒杯

这差异只是即时的、当下的差异，酒的香气、口感的呈现是需要一段时间的，酒的品尝也是一个随时间行进的过程，在整个过程看，消除了时间差之后，其实无论怎样的杯对酒而言都不会造成

什么损失，我们也不会错过什么，完全能够喝出酒能够给予我们的全部。

酒杯和酒的风味之于产地、品种、饮者当然互有影响，但绝对不是一一对应关系。葡萄酒是无所依赖的，就好像情场老手一样，知道在不同的杯子里如何表现自己，也知道在相同的杯子里如何呈现不同的面貌。

"礼仪所要求是正确，而感官所要求的只是合宜。"美国葡萄酒专家马特·克拉玛如是说。

就葡萄酒的品尝、学习而言，找一款喜欢的杯型，固定使用，是一种良好的习惯。杯型呈郁金香状、杯口收拢，便于观色、闻香、品味，基本上就是一只合宜的品酒杯了。

※各式酒杯

色，视觉
——葡萄酒的外观分析

使用的器官：眼睛。

感官和感觉：视力，视觉。

特性：葡萄酒的外观会影响我们对酒的品质判断。视觉既可以引导和帮助我们正确评价葡萄酒的感官特性，获得有关酒的

※换瓶

年龄和品质的第一印象，也会产生误导令我们作出错误的判断。

看什么

葡萄酒的外观判断有几个面向，首先是酒瓶的形状和酒标上的信息，然后在开酒的过程中，拧开瓶盖或者拔出软木塞，将酒倒入杯中，带给我们视觉反应的则是酒的颜色（深浅、色调）、澄清度（混浊或光亮）等特征，通过摇杯的动作我们还可以观察葡萄酒的流动性以及与酒精度有关的挂杯现象，香槟和气泡酒则需要关心它们的起泡特性。

MIS EN BOUTEILLE AU CHÂTEAU

CHATEAU LAFITE ROTHSCHILD
1982
PAUILLAC

※拉斐酒标

☞酒标，酒瓶

酒标是一款酒的身份证书，每个国家、不同的产区都有各自法律规定的表述，酒的形态、葡萄品种、产地特色、质量等级、年份、酒精度等信息一般会标示清晰。

葡萄酒瓶的形状有一些规则亦有与之对应的身世信息在里面。在法国比较常见的有波尔多型、勃艮地型、阿尔萨斯型、罗纳河谷型、鲁瓦尔河谷型以及香槟型，与产地的传统相关。其他产酒国如旧世界的德国、意大利、西班牙等也都有自己独特的瓶型，而新世界产酒国瓶子的形状则多以旧世界为典范，相同形态、相同品种的酒会使用相类似的瓶型，或者稍作变化。

酒瓶是一款酒的形象，像看人，相貌堂堂还是憨态可掬都可从相貌中明白个大概，当你有了这些基础常识，有时候远远望见一个酒瓶也可以猜想它的产地、葡萄品种、酒的类型，甚至品质和价钱。当然，视觉之先入为主的特性有时候也会让酒商给利用。

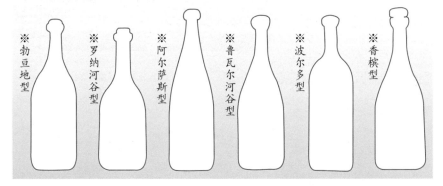

※勃艮地型　※罗纳河谷型　※阿尔萨斯型　※鲁瓦尔河谷型　※波尔多型　※香槟型

☞葡萄酒的颜色

葡萄酒的颜色取决于葡萄品种、酿造方法和酒的年龄。

葡萄酒的分类简单地可分为静态葡萄酒和气泡葡萄酒；从颜色分就是红葡萄酒、白葡萄酒和桃红葡萄酒；香槟和气泡酒大多是白色，也有玫瑰红色，甚至红色。

每一类葡萄酒的颜色都可从它的色度(depth)与色调(hue)来加以形容。白居易诗"樽里看无色，杯中动有光"恰好点出了对酒液视觉品评的两个方面，那就是光和色：色有红橙黄绿，光有明暗清浊。

※开瓶器

※Château Ducru-Beaucaillou

※Clos de Vougeot

红葡萄酒的颜色呈红色调，由浅至深，红色素带给年轻红酒的色调取决于酒中的酸度，高酸度的酒颜色是鲜艳的紫红色，相反则是深红色。不同葡萄品种酒的颜色年轻时候可能已经相差极大，这与品种本身的花色素含量有关，有些品种本身颜色就深，比如色拉子，有些则颜色浅，比如黑皮诺，但是风味的强度却并非与色度和色调的强弱深浅相对应。在酒的陈年过程中，丹宁会逐渐与游离花色素等结合，使酒产生黄色色调，花色素也会因氧化而转变为黄褐色，陈年越久更会表现出棕色化的趋势。

※梦哈榭特级葡萄园

红葡萄酒颜色变化的轨迹如下：在装瓶时颜色深多偏紫色，彩度高并带反光，之后颜色将逐渐变淡偏黄，彩度及反光也在慢慢消失，会随酒龄的增加自鲜紫红色变成酱红色，之后为红宝石色、暗红色，当变为棕褐色时便是一瓶酒最老的时候了。

白葡萄酒实际上是黄色，色调或弱或强，年轻的干白颜色常常接近水的颜色到浅淡而泛绿光的黄色之间，明显的黄色则表明是经过橡木桶陈酿的酒，随着陈年黄色调会加深，最后亦会转向棕色化。

白葡萄酒颜色变化的轨迹如下：随着陈年酒中的黄色素会加深，逐渐变为稻草黄或金黄，绿色反光会消失。适合年轻时饮用的白酒，这时候已经开始走下坡了；而耐久存的白酒，此酒色则表明正值最佳饮用期；继续储存酒色将会变为琥珀色或土黄色，有时略带橙黄色反光，对不甜的白葡萄酒而言这种颜色表明已过适饮期；只有少数具有非常可怕陈年能力的甜白酒，呈琥珀色的时候却是它适饮的巅峰期。

桃红葡萄酒介乎红、白之间，在色谱上范围甚宽，从浅红、粉红，一直到斑白、洋葱皮的颜色。

其实红、白、桃红酒的分别在于酿造程序，白酒是用白色品种葡萄经压榨、去皮、发酵果汁酿造而成，但也可以用红色葡萄，只是在压榨的过程中要更仔细，通过控制皮、汁接触的时间来把握染色程度。严格分离酿出的是白酒；轻微染色则是Blush Wine（Blush，就好像是女孩子害羞时候的脸色）；中等程度的称为Rose Wine，即玫瑰红或者桃红酒；葡萄皮渣和汁混合发酵，葡萄糖转化为酒精的过程和固体物质的浸取过程同时进行，即成为营养、经济和品尝、收藏价值更高、颜色更深的红葡萄酒。

以前，我们常常把某种葡萄酒和特定的颜色联系起来，现在由于酿酒工艺的进步，酿酒师在发酵温度、萃取技术的控制能力方面得到加强，可以更大胆

※桃红葡萄酒

※新西兰Neudorf

地去尝试新的风格，包括对花色素及多酚物质的萃取，因而成品酒的颜色在品质判断方面的重要性相较从前已经不是太重要，只有在得知葡萄品种、风格和年龄的情况下比较传统的风格方面才更具参考价值。

※葡萄酒的颜色

　　观察葡萄酒的颜色要从两个方面来谈，第一个很直接，就是我们所能看到的杯中酒的颜色，第二则是颜色与酒相对应的相关意义。

　　我们知道物体本身并没有固定的颜色，人是借助物体表面所反射的光和感觉器官的反应而获得色觉，眼睛只负责收集光线，看的动作是在脑部发生。这也是为什么无论是东西方人种，无论有着黑色、灰色或者蓝色的眼睛，我们对于所谓的红色、蓝色和乳黄，意见都相当一致，但是，要在色系渐层的变化中（往往只是些微的差距），对所看到的颜色据实形容、给以定义，并作出精准的辨识和一致的描述却相当地困难，人言人殊，差别十分巨大。

在专业的品酒词汇中，形容色度（即深浅）方面的词汇有：浅（pale）、淡（light）、深（dark）、浓（intense）、暗（dim）等，而色调方面就是因应色度的深浅赋予不同的颜色称谓。

形容葡萄酒颜色的术语如下：

葡萄酒类型	颜色
红葡萄酒	红牡丹色（Peony）、草莓红色（Strawberry）、樱桃红色（Cherry）、红宝石色（Ruby）、紫红色（Purple）、紫罗兰色（Violet）、石榴红色（Garnet）、瓷砖红色（Tile Red）
白葡萄酒	水一样近似无色（Watery）、绿黄色（Green-Yellow）、淡黄色（Pale Yellow）、浅黄色（Light Yellow）、稻草黄色（Straw Yellow）、金黄色（Golden Yellow）、绿金黄色（Green Yellow）、淡金色（Pale Gold）、黄金色（Yellow Gold）、古金色（Old Gold）、金色（Golden）、琥珀色（Amber）、褐色（Brown）
桃红葡萄酒	鹧鸪眼色（Partridge Eye）、鲑鱼红（Salmon Pink）、粉红色（Pink）、淡牡丹红（Light Peony）、草莓红（Strawberry）、玫瑰红（Rose）、杏红色（Apricot）、橙红色（Orange）、洋葱皮色（Onionskin）

简单而言，葡萄酒的颜色都可据其色度深浅分为：浅色（Low）、中度（Medium）、深色（High）。

🍷如何看

品评静态葡萄酒使用的工具：郁金香型轻薄、透明的水晶杯。

方法：在杯中倒进25～35毫升的酒液。

察色：找一个白色或浅灰的背景，然后将酒杯向前倾斜接近45度，自上而下观察。

※察色

☞颜色的观察

首先是核心部分，**接近杯底大面积的酒窝：**显示着颜色的深度、酒体的厚度，它向边缘部分推进的宽窄层次、深浅程度显示的是不同葡萄品种、不同产区、新年份和老年份的差异。普遍来说，深沉色调的酒，通常来自温暖产区，酒体厚重，有着强劲的口感；浅显色调的酒，通常来自寒冷产区，酒质可能细致优雅，或者是因为这一年葡萄的成熟度不佳。

核心部分的边缘称之为**本色边缘：**酒的色调和亮度都在此处观察，对酒主体颜色的描述指的就是这部分的颜色。年龄尚浅的白酒会有绿色的光芒泛出来，红酒则会泛着蓝光或者紫色。

再外围的边缘：此处色度的深浅、宽窄显示着酒的成熟度和集中度，陈年酒的黄色调、棕色调都会在此处显示。

最外围和杯壁接触的边缘：半月形的一线水边，它的宽窄显示着酒是年轻的还是陈年的，年轻而风味集中的酒水边很窄，陈年的酒水边稍宽。

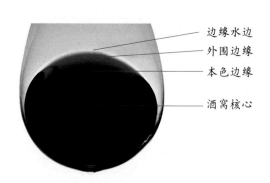

边缘水边
外围边缘
本色边缘
酒窝核心

☞**张力的观察**

举杯齐眉，将杯向左或右倾斜，观察酒液与杯壁交接处的张力，浓厚、年轻、酒精度高的酒张力会大一些，年老的酒有时候会失去张力，酒体薄、酒精度低的酒张力也不明显。

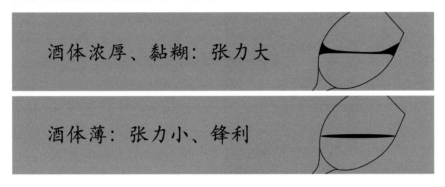

酒体浓厚、黏糊：张力大

酒体薄：张力小、锋利

☞**外观的观察**

澄清度

从杯口自液面往杯底看以及举杯齐眉透过杯壁往酒体内部看，这时候观察的是酒液的澄清度或者说透明度，一目了然还是深不可测，清澈明晰还是有沉淀物甚至混浊，也都显示着酒质的好坏。

※澄清的白葡萄酒是透明的

对白葡萄酒和桃红酒来说，澄清的酒亦透明，具有光泽。而红葡萄酒如果颜色很深，即使澄清的酒也不一定透明。

与澄清度有关的词汇 形容清澈的词汇有：清亮透明、晶莹透明、有光泽、光亮等；而形容浑浊的词汇有：略失光、失光、欠透明、混浊、微浑浊、雾状混浊、乳状混浊等；形容沉淀物的词汇有：有沉淀、有纤维状沉淀、有颗粒状沉淀、有片状沉淀、有块状沉淀、酒瓶瓶壁有附着状沉淀、有酒石结晶等。

※葡萄酒陈年过程中可能会形成沉淀

在葡萄酒酿造过程中，酒液是混浊的会有许多悬浮物，随着净化、过滤等工艺步骤的完成，基本上装瓶的时候酒会是澄清的。优良的葡萄酒都有澄清透明的液相反应，如果在杯中呈现混浊、不清晰、有悬浮物的现象，往往会是缺陷或是变质的线索。但是，具有陈年潜质的佳酿例外，因为酒中的花色素聚合体、丹宁成分、还有酒石酸成分都会随着瓶中陈年而形成沉淀物，有块状、粉状、颗粒状以及黏附在瓶壁的薄膜状。

悬浮的粉状沉淀有时候会有较苦的味道以及粉质感，好的酒则苦味不会太明显，即使喝进嘴里对口感的影响也极微。现在一些精品酒庄，特别是勃艮地，酿造品种本身颜色就比较淡的黑皮诺的时候，为了增加风味或者保持葡萄酒更多的自然属性而流行不过滤就装瓶，这种酒常常会出现浑浊的迹象，但是并不影响风味和品质，这时候的浑浊和沉淀并非缺陷。

黏附在瓶壁上的沉淀物主要成分是丹宁－花色素－蛋白复合物。香槟酒内壁也会出现类似的漆状沉淀物，俗称"鬼脸"，是澄清用的蛋白和脂肪酸形成的复合物所致。

※正在沉淀的香槟

在白葡萄酒中最常出现的沉淀就是结晶体的酒石酸盐，年轻的酒发酵后含有饱和的酒石酸盐，在储藏过程中会发生异构化，溶解度下降，在低温的条件下会凝结为晶体析出，沉在瓶底或黏附在软木塞底端，被称为"酒钻石"。酒石酸结晶没有味道，对品尝没有太大影响。

此外，铜、铁等重金属离子，也会和酒中的一些成分发生作用，生成混浊物质。

光泽度

从酒杯侧倾到恢复直立的时候我们也需要观察酒体液面的光泽度，既有液面的反光程度，也包括颜色的鲜艳状况、明亮暗哑，都能够显示出酒的年龄和酿造工艺正确与否。

形容光泽度的词汇有：鲜艳、纯正、洁净、新鲜、明亮、暗淡、无光泽、暗哑等。

流动性

静态的红白酒通过摇杯的动作可观察酒液的流动性，也能够显示出酒体的厚薄和浓稠度来。影响流动性的因素主要是糖度、甘油含量以及酒精浓度，甜酒和高酒精浓度的酒粘性会加强。

※挂杯

何谓挂杯

斟了酒，轻轻地摇杯，让酒液在杯壁上均匀地转圈流动，停下来，酒液回流，这并不是挂杯，稍微等会儿，就会看到摇晃酒杯的时候，酒液达到的最高的地方有一圈略为鼓起的水迹，慢慢地就在酒杯的壁面形成向下滑落的一条条小河，看起来就像"泪滴"。法国人认为挂杯良好的酒有着良好的"脚"，德国人则说像是教堂里那细窄拱形的窗户。

挂杯现象的形成反映的只是一个简单的事实，就是酒中酒精含量的指标。

当酒液在杯壁上铺满，和空气的接触面增大，蒸发作用加强，而酒精的沸点比水要低，它首先蒸发，于是形成一个向上的牵引力，同时由于酒精蒸发后水的浓度增高，表面张力增大，在杯壁上的附着力也增大，所以酒液所到之处便累积拱起，由于万有引力的作用，重力最终取胜、破坏了水面的张力，酒液下滑释放出"酒的眼泪"。挂杯其实是酒精和水的一场交战。

一般而言，酒精含量高的酒挂杯都密集而漂亮。

酒中的其他成分也与挂杯现象有关系，微量物质、还原糖、甘油、挥发性成分、非挥发性物质等这些构成酒体的因素，虽然不是造成挂杯现象的主因，但对挂杯形成的速度、密度、酒脚的粗细、滑落的快慢都有影响，反映着酒体的黏稠度和酒中成分的丰富性。

挂杯好的酒虽然不一定就是好酒，但是好酒挂杯漂亮却是确定的。

※挂杯

当然这里还有一个酒以外的因素，那就是酒杯，玻璃杯表面的附着力没有水晶杯强，所以水晶杯挂杯要比玻璃杯漂亮，而无论什么酒杯如果没洗干净一定会影响到挂杯。

香槟和气泡酒

工具：重点是气泡，所以要用高深、窄口的水晶杯。

起泡性：起泡性是由二氧化碳气体的释放所引起，冒气泡是气泡酒的特点，由气泡的数量和大小、连续性和持续时间来判断其品质。工艺条件决定了气泡酒中所含气体量、压力和起泡性质。

起泡性的基本用语：发出轻微的咝咝声、持久的、细致连续的小珠状气泡、形成晕圈、暂时泡涌、泡大不持久、冒气泡的。

当香槟或气泡酒被打开，主要是瓶内和瓶外的大气压力差对气泡的形成起着重要作用。酒从瓶中倒进杯里产生的激烈而短暂的气泡，是由于酒液下落而释放的自由能以及与杯壁撞击产生的能量相激而引起的；酒液稳定下来之后会产生自发的缓慢而持续的起泡现象，大家所乐见的连续成线的细腻气泡是由异相成核原理产生的；如果酒杯表面粗糙或者有悬浮物，都会触发气泡的形成。

香槟或气泡酒对酒杯的光洁度特别敏感，只要酒杯有些许的油迹或清洁剂的残留，气泡就难以形成，刚洗过而没有抹干净水迹的杯子也无法让气泡产生。玻璃酒杯看起来粗糙，杯壁表面结构其实很光滑；水晶酒杯玲珑细腻，但透过显微镜观察，水晶的表面结构有着很多凸起，能给气泡着力点，更容易触发气泡的形成，这也是为什么水晶酒杯要比玻璃酒杯更适合用来盛载香槟酒的一个原因。

对香槟的品鉴而言，酒杯中央汇聚而成的气泡环以及液面与杯壁之间的气泡状态都是很重要的特征。持续冒出白色、非常细小而又持久的气泡，显示出香槟酿造法赋予的高贵的品质，如果气泡杂乱无章、大而且带有黄色则肯定是粗劣的产品。

※香槟

酒精、糖分的含量以及发酵过程中酵母的自溶降解产物都会影响到二氧化碳在酒中的溶解度，从而反映在气泡的数量和起泡的持续性上。气泡含量低、持续时间不长的酒不好，气泡含量过高、持续时间过长的酒亦非佳酿。

另外，出现小珠状气泡或很轻微冒细泡的特性可以在静态的白酒、桃红酒和新的红酒中发现，气体的释放（对舌头的轻微刺扎感，或称麻酥酥的），促进了酒香，增加了葡萄酒的凉爽感，所以装瓶时稍微保留一点二氧化碳也是近年来一些酒庄流行的做法，主要针对无须陈年、装瓶后快速饮用的酒款。

如果是因为发酵未完成就装瓶而将二氧化碳带进酒中，就是一种缺陷了，虽然香槟酒最初就是因为这样而被发明的。但由于葡萄酒酿造工艺的进步，已经很少出现因酿造失误而造成的缺陷酒，因此在葡萄酒的评判体系中，视觉的判断没有过去所占比重大。

葡萄酒的视觉判断

一款酒的外观描述和判断主要集中在这几个方面：澄清度、光泽度、流动性（静态葡萄酒）或呈泡性（香槟和气泡酒）。

子曰："色难。"仅仅倒在杯中看，葡萄酒色彩深浅明暗的差异就已经显示着比其他酒类更为复杂丰富的身世密码，种类、产地、品种、年份、甚至质量优劣、价格高低、口味的风格、陈年的潜质等都会在颜色中有所宣示，而这也是葡萄酒比其他酒类更加迷人的其中一个原因吧。

香，嗅觉
——葡萄酒的气味分析

使用器官：鼻子。

感官和感觉：嗅觉、鼻咽嗅觉。

气，是物质的一种形态，它从物体中逸出后以分子形态在空气中或水中以波的形式流动，这属于物理学的范畴。

气味，是生命体对气态物质的一种感知，是气态物质与生命体嗅觉细胞分泌物进行化学反应后产生的一种信号，经嗅神经传递给嗅神经中枢嗅球后，成为生命体的一种感受。气味的产生是化学反应的结果，属于化学范畴。

嗅觉器官是生命体的一个防御系统，属于生物学范畴。

※薰衣草

嗅觉

☞嗅觉的生理机制

鼻的生理功能主要有3个，即呼吸功能、嗅觉功能和共鸣作用。

嗅觉功能是由于两鼻孔的上部有嗅神经和嗅细胞分布，鼻孔中的嗅黏膜位于鼻腔最顶端的嗅觉上皮组织，约有5平方厘米，满布嗅细胞，兼行初步的受纳和传导两种机能。当我们闻香的时候，气味分子会与嗅黏膜上的受体结合，这些受体从上皮延伸到脑部神经元的一部分。气味的受体黏液，由消化系统产生的消化酶和免疫系统产生的免疫蛋白构成。生病时会因上两种物质的改变引起嗅觉异常或失灵。生物物种间嗅觉功能上的差异也来自嗅细胞分泌的黏液成分上的差异。

鼻腔里的每一个嗅觉神经元都有一条长纤维的轴突，会穿透其顶上称为筛状板骨头里的小缝隙，在那里和嗅球里的其他神经元连接。嗅球，位于眉毛间距后方，就像电话转接站，是关键的联系所在点，嗅觉信号脉冲从这里被传送到脑中掌管情绪、性欲、驱动力以及负责记忆的边缘系统。

※葡萄酒

※Clos Vougeot Musigni

　　嗅觉是动物生存必需的，既有警告功能，也承担享乐重任，为物种生存提供重要的信息。有毒物质除了表现出味觉的苦以外，常常也带有不愉快的气味，就像腐败变坏的食物会产生难闻的臭味，在这种情况下，嗅觉反应就起到一种自我保护的作用。相反，另外一些气味则使我们陶醉，令人感到愉悦和适意，产生快感和欲望。

　　嗅觉还有另外一个感觉，那就是刺激感或者痛感。鼻腔的神经末梢能够感知来自酒精、酸、二氧化硫、二氧化碳等物质的生理刺激，当这些物质在酒中的含量过高时，就会给我们的鼻腔产生刺痛感。酒精主要刺激鼻子的下部，二氧化硫则会更深入，刺激鼻腔的上部并产生干燥感。

　　通过鼻腔的嗅觉有两种：一种是直接嗅觉，它由鼻孔通过鼻腔通路进入，嗅觉的强弱取决于葡萄酒表面空气中芳香物质的浓度和吸气的强弱，所以酒杯的形状和品尝技术会造成一定的影响；另一种是鼻咽嗅觉也叫做回流嗅觉，含在嘴里的酒液由于口腔的加热、舌头的搅动及面部运动加强了气味物质的挥发，而咽下时由咽部的运动造成的内部压力也会使气体进入鼻腔，从而感觉到香气。

葡萄酒入门

☞嗅觉的一些特性

　　人体的神经元唯有嗅觉上皮的神经元是暴露在空气当中，而且每2个月左右就会自我更新一次。虽然如此，嗅觉却是具有记忆力的，我们会记得闻过的气味。大脑对嗅的感受就是来自记忆，由遗传得来，又可以后天建立，还可以加强记忆，通过训练可以提高嗅觉能力。嗅觉的个体差异很大，有的人嗅觉敏锐，有的人嗅觉迟钝。拥有一个"好鼻子"者，应该是嗅觉灵敏度高，同时对各种气味有很强的分辨力。灵敏度是先天性的，分辨力却可以

※控制温度

※Grans Muralles

通过训练得到极大的提高。大多数香水师、品酒师其实嗅觉灵敏度都属一般，对气味的分辨力是来自长期训练的结果，与个人的专注力和记忆力相关。嗅觉的短期记忆有一个辨识高峰，约在闻到气味后的12秒。

　　身体状况也会影响嗅觉。感冒、疲惫或者营养不良都会引起嗅觉能力下降。随着年龄增长，人的嗅觉灵敏度也会下降，从20岁到70岁退化曲线大约以每22年为一个二进级，即42岁的人平均比20岁的人需要2倍的香气阈值才能察觉。

　　大部分研究指出，嗅觉最灵敏的时期是在30~40岁。当年纪变大，人也会变得更有智慧，这意味着对某些气味会更富联想力。多数人到了

50~60岁时，嗅觉能力尚可维持稳定。

在男女之间、吸烟者和不吸烟者之间，并没有明显的嗅觉灵敏度差异。但是如果10分钟前抽过烟、吃过糖、喝过其他饮料或者吃过饭的情况下，灵敏度会暂时消失约2个二进级。

不同鼻孔闻相同的气味，可能会产生稍微不同的嗅觉感受。两个鼻腔的通畅大约以3小时为规律互换。当右边鼻腔通畅时，大脑左半球会增加相当大的活动量（言语及思考），而换左边鼻腔时，也对右半球大脑产生相似的作用（包括空间感觉及情绪经验）。

了解这些生理特性对加强品酒时的嗅觉技术具有很重要的作用。

葡萄酒的气味复杂、多样，酒的内含物都会参与香气的构成，这些呈香物质各异，而且还通过累加作用、协同作用、分离作用以及抑制作用等使气味呈现更多种的形态。

葡萄酒的香味，指的是我们的嗅觉器官（鼻腔）所直接感觉到的香气和经过味觉器官（口腔）所回流的香气的总体。

※醒酒

🍷 闻什么

根据葡萄酒的香气表现，可将香气分为果香和酒香；而根据气味物质的来源，即香气产生的阶段，又可分为三类：

果香，来自酿酒葡萄果实的香气，被称为第一类香气，又叫品种香。

酒香，包括来自发酵过程、工艺产生的香气，被称为第二类香气，又叫发酵香；以及来自发酵完成后陈酿、老熟过程的香气，被称为第三类香气，又叫陈酿香或醇香。

果香主要是新年份葡萄酒的香气，而醇香则是陈年葡萄酒的主体香气。

☞第一类香气

这是与原料（葡萄、品种、土壤、气候等）有关的芳香总体，呈味物质来源于葡萄果皮的下表皮细胞，以品种特性为主。就某一品种而言，不论产自哪里、哪一年，其主要的香气特性是固定的，因应气候、土壤、成熟度、酿造情况产生的差异，是葡萄酒个性香气的由来。

在形容果香时可用似花香（并可具体到哪一种花）、水果香（具体到哪一种水果）、植物香（具体到该植物的某部分）等来形容。

果香不容易长久保持，会随着酒龄的增长而消失或者转化。

※第一类香气与葡萄、土壤等因素有关

☞第二类香气

这类香气出自于发酵过程，酵母在把糖转化为酒精和把葡萄汁转化成葡萄酒时产生出很多香味物质，包括醇类物质、酯类物质、有机酸、羰基化合物、酚类和萜烯类物质等，而酿造所用的酵母也是重要的因素。这类香气是不同的葡萄酒具有一些共同的感官特性的由来。

葡萄酒的香气质量首先取决于第一类香气和第二类香气之间的比例和优雅度，第一类香气无论在

※发酵

※橡木桶陈酿

浓度上还是在种类上都应该强于第二类香气，大多数第二类香气都是发酵过程的副产物，挥发性强，在陈储过程中会慢慢消失，因此，从某种意义上说，葡萄酒的成熟是从第二类香气的消失开始的。

☞第三类香气

醇香是在陈酿（罐、桶和瓶）过程中由氧化还原作用和酯化作用所生成的芳香物质构成。

葡萄酒醇香的形成非常复杂，新酒的香气向陈年醇香的转变是多种同时进行和顺序进行的理化反应的结果，第一类香气向第三类香气的转化、环合作用、氧化作用、还原作用等化学反应、物理反应、物理化学反应等等都会使酒减少果味特征，增加醇酒的香气，向更丰富、更浓厚、更愉悦发展，气味也更趋于融合、平衡、协调、迷人。

※葡萄酒装瓶之后也会生成香气

　　经橡木桶陈酿的葡萄酒，溶解于酒中的芳香物质也是醇香重要的构成部分，在葡萄酒成熟过程中，橡木味也会发生变化，和其他香气融为一体。丹宁和橡木具有香草味，因为香草醛是他们分子结构的构成部分，瓶中陈年后的葡萄酒还会发展出优雅的蘑菇气味。丹宁的变化也会增强醇香，在成熟过程中丹宁也会变成具挥发性和具气味的物质，最终在气味上体现出来。

　　葡萄酒在储藏罐或橡木桶中时，会接触微量的氧气，氧化作用对香气的形成有所影响，而装瓶之后处在严格的厌氧状态下，也会生成香气，这一过程称为还原作用。

　　如果储存的环境不当，瓶中陈年也会产生一些不愉快的气味，称之为还原味、瓶内味，长期受到光线的影响则会产生光味或者太阳味，这些都是瑕疵的气味。

　　葡萄酒的香气多种多样，而且会随着陈年发展变化，所以葡萄酒的闻香是品尝葡萄酒的其中一个乐趣。香气是酒的语言，它显示差异并建立鉴别。

如何闻

☞嗅香步骤

　　品酒的环境很重要，湿度、温度也有影响，由于香气物质具挥发性，所以葡萄酒的闻香从打开瓶盖的一刻就开始了。

　　瓶口的香气是酒的第一印象，新年份的酒瓶口的香气和倒进杯中后的香气比较一致，而陈年的酒瓶口的香气和倒进杯后往往有差异，有时候瓶口的香并不愉悦，波尔多的老酒最明显，一般称之为波尔多臭，但是倒进杯中的香气却非常好。另外，瓶口闻香对橡木桶的判断也非常准确，特别是空瓶之后，法国橡木桶的甘草、香草味，美国橡木桶的椰子、可可味，瓶口闻香都特别明显。

　　酒倒进杯中先不要摇杯，这时候的香气是第一类香气的香，容易挥发的气味物质会首先散发出来，一些刺激性的气味和瑕疵的气味也会，这时候的动作就是微微低头将鼻子探进杯中，轻嗅一下，然后将杯子拿开，呼吸之后，再次闻香，记下此时的香气。

※Ch. Haut-Brion

※Domaine Doudet

然后才进行摇杯的动作，之后再闻香。摇杯是为了增加酒和空气的接触，促进香气物质的释放，酒液流过酒杯内壁的面积越大，挥发面积就越大，香气物质释放得越多。摇杯后要先闻杯口的香气，再将鼻子尽力伸进杯内闻香。

让酒在杯中静止一会之后再次重复不摇杯而闻香的动作以及摇杯后闻香的动作，然后记下这整个过程所能闻到的所有的香气。

这时候才开始看外观、察颜色、望挂杯，因为酒的颜色在杯中是不会变化的，但香气会。之后入口品尝，酒液咽下后，回味口香及鼻咽嗅觉的香气。

最后，一杯酒喝完，还需要留意空杯的香气，很多时候空杯的香气更加迷人，那是因为酒喝完后留下了最大的挥发面积，不易挥发的物质也得到了释放。也有说法是，好酒的秘密都在空杯里。

※Ch. Leoville Las Cases

※有时陈年酒瓶口的香气并不愉悦

☞如何利用嗅觉特性闻香

有人喜欢短促地呼吸来闻香，有人则习惯放慢呼吸来闻香，其实交替使用这两种闻香动作最好。嗅觉是被动的，长时间闻香会出现嗅觉迟钝，对于同样程度的刺激时间久或次数多了，就会失去感应。因为环境一致、气味浓度也没有发生变化，大脑就屏蔽了这一气味信号，准备接收新的信息。这是嗅觉保持警觉性的策略，表现为抑制性效应，只侦测环境状况的改变。"入芝兰之室，久而不闻其香；入鲍鱼之肆，久而不闻其臭"就是这样的道理。

化学反应理论可以解释"嗅觉抑制"现象：连续的气味物质的介入，使黏液中参与反应的蛋白与酶饱和，刺激、反应即停止。所以在闻2种不同的酒或者同一杯酒要重复闻香的时候，最好有段时间的间隔，或者闻闻自己的手和衣服，让嗅觉器官恢复惯常的状态，因为嗅觉是要来寻找变化的。

另外，酒液挥发后填充到杯口也需时间，所以摇杯的时候可以一边摇一边闻，然后停止摇杯动作10余秒之后再闻香，并留心闻香效果的差异。

嗅觉另一个特性是，长时间闻香会适应某些气味，也会使原本被掩盖的一些香气变得明显而被感知。而且葡萄酒中的气味分子有很多特性，不同的气味可以互相增强、也可以互相掩盖，还可以生成别的气味。有些气味融合到一起，还能够分辨出单个的气味；而有些气味融合到一起，却分辨不出原来单个的气味；有些气味随着挥发还会分离出其他气味。

极少会出现一款酒打开来喝第一口很差，然后会慢慢变好的，差的酒第一口就很差，好的酒第一口也会很好。但是香气不同，很多时候即使是好酒，刚打开瓶子的时候香气也会很差，会有不愉悦的气息首先散发出来，但是随着时间的推移，香气会慢慢变好，所以在闻香上耐性是很重要的，需要给予足够的时间。

※Stag's Leap
Wine Cellars

※品尝葡萄酒时，要给予时间让香气变化

　　理想的嗅觉品评时间应该断断续续30分钟以上，葡萄酒的气味在氧化作用的影响下，会随时间而变化，无论我们品尝很新或很陈的酒时，给予时间让香气逐步显露、发展、变化是非常重要的。

　　在嗅闻中需集中精力考虑香气的简单与复杂、强度、愉悦度、质量、特性、异味和特殊气味，写下描述性的术语，并作出相应的判断。很多酒极简单，一闻就能得出准确的结论；而有些酒尤其是一些好酒，则需要反复嗅闻才好做结论，可谓意味深长。香气可以最大可能地体现出葡萄品种、产区特色以及酿造风格，加强这方面的辨析力、专注力和记忆力是十分必要的。

☞**香气的一般术语**

　　香气的强度： 首先是弱度、中度、强度的区分。

　　品评词汇有： 强烈，很强；强，果香很强或足够强的果香；足够强，弱或中等的嗅香；中等，纤细，微弱的香气；弱，稍弱；很弱。

☞**香气的质量**

　　这一点比分辨香气的类别更重要，我们常常犯的错误是闻香时过于注重区分和强调闻到的是什么香气，而不是去辨别和理解香气的质量特性。嗅觉掌管着物质对身体利害之分辨，凡有利于生理需要的种类，在人的概念中，即谓之"香"，不利于人者即谓之"臭"。因此，气味可以是令人愉快的或是令人讨厌的，可以是纯净的或是有瑕疵的，可以是有特征的或是非必要的，反映的都是酒的品质。

　　品评词汇有： 从上等的高贵、幽雅、优雅，到很丰富的、丰富的或简单的；从雅正的、愉悦的，到协调的、适意的；从刺鼻的、刺激的，到温和的、柔和的；或者原生的、普通的、粗糙的、野性的、平凡的、粗俗的、粗劣的等等。

※Petit Verdot

☞**香气的特性**

　　嗅觉是一种本能、直觉和前语言（嗅觉是一种无语言的感觉）的感官，和脑中掌管情绪、性欲和驱动力以及负责记忆的边缘系统相联系，而和掌管思想、语言和行为的新皮质之间的连接则比较迂回。葡萄酒的一个神奇之处就在于，是由100％的葡萄酿制而成，但却散发出我们能够在现实生活中接触到的诸多物品的气息来。因此，当酒中的这些香气给人一种熟悉感，但是却没有准确的语言可供描述时，我们可以用其他气味来代替。

葡萄酒中呈现出来的可供识别的香气特性有：

似花的（花的气味）；

似水果的（各类水果的气味）；

植物的（草、叶、树的气味）；

动物的（动物气味，如麝香、野禽、野兽等，以及脂肪味、腐败味、肉味等）；

香辛佐料和香料（自然的、人工的、熏香的，往往是药材类和厨房香料等）；

烧焦气味（烟熏、咖啡、面包、烟草等）；

化学气味（实验室、医药味等）；

矿物气味（矿石、土壤、森林地表等）。

※砾石地

葡萄酒的香气分类

花香： 玫瑰、紫罗兰、牡丹、忍冬、洋槐花、菊花、百合花、郁金香、花粉香等。

果香： 新鲜水果如葡萄、樱桃、李子、梅子、草莓、醋栗、木瓜、桃子、苹果、梨、荔枝、柠檬、柑橘、葡萄柚、橙子、香蕉、菠萝等。又可分青色水果、红色水果、黑色水果、热带水果等；以及干果与果酱：干果、果仁、果脯、果酱、核桃、杏仁、榛子、无花果、果核、柑皮、煮水果等。

植物类： 草蔬类之柠檬叶、薄荷、茶叶等；青草、干草、叶、茎、根部；林下灌木菇菌类之青苔、灌木、香菇、块菌、蘑菇、松露等；树脂类之松树、雪松、刺柏、香草、树脂香等；树木类之受潮木材、青木、新橡木桶、旧橡木桶等。

动物类： 野猪、鹿、飞禽、马、马棚、动物皮毛、皮革、肉香、麝香、脂肪香、琥珀香、腐烂味、狐臭、猫尿、尿液、粪便等。

香辛佐料和香料： 菜蔬类、葱蒜类、蜂蜜、粉香、可可、乳制品、奶油、啤酒、可乐、酵母、大黄、迷迭香、百里香、熏衣草、甘草、桂皮、茴香、胡椒、香菜等。

焦香气味： 烧烤、烟熏、烘烤、咖啡、烤肉、烤面包、焦糖、木炭、橡胶等。

化学气味： 医药味、碘酒、酚类、二氧化硫等。

矿物气味： 火石、硫磺、碘、土质、潮湿泥土、腐殖土等。

※牡丹

※樱桃

※薄荷

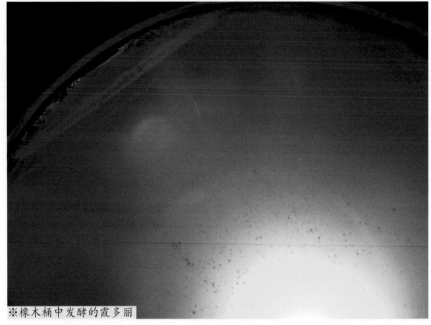

※橡木桶中发酵的霞多丽

橡木桶给予葡萄酒的香气：木质类的有松树、松脂、雪松、橡木、木炭、烤焦、烘烤味、雪茄盒、铅笔刨花、锯屑等；辛辣类的有多种香料、桂皮、丁香、豆蔻、椰子、香草、甘草等；坚果类的有杏仁、腰果、开心果、夏威夷果、核桃、烤杏仁、烤栗子、烤榛子等；烘烤类的有烟熏、黄油、奶酪、咖啡、烤面包、饼干等；刺激性的有灰尘、土味、报纸、湿纸板、霉味、药味、汗湿味等。

瑕疵的气味：

来自酵母发酵的有：养畜场、臭袜子、马的气味、湿皮革、西药味、鼠臭等。

来自软木塞污染：霉臭味、发霉的、湿抹布等。

来自硫化物：硫磺味、臭鸡蛋、煮熟的土豆、卷心菜、大蒜、洋葱、燃烧的橡胶等。

来自氧化的气味：氧化味、烂苹果、潮湿的地窖、坚果、潮湿的报纸等。

芳香和醇香之辨

　　按照西方品酒术语，酒香包含2种概念："芳香"（Aroma）和"醇香"（Bouquet）。

　　芳香是指新鲜型葡萄酒（或酒龄浅的酒）所具有的香味特征，它包括葡萄品种所固有的原始气味"果香"（Fruit）和发酵过程中生成的那些新鲜活泼的香味。在葡萄酒中的确存在着真正的芳香物质，和其他水果一样，葡萄也要开花、也要结果，都在土地上生长，吸收的养分也相同，酿酒过程会将这些物质特别是分子成分转化出来，我们的嗅觉其实就是对分子成分、分子形状、分子振动有所反应。

　　醇香则指葡萄酒在陈酿老熟过程中形成的香味，是陈酿型葡萄酒所具有的香味特征，包括酿造过程、木桶贮存、瓶内陈年之后所获得的综合香味，成熟而层次丰富，复杂而又微妙，是"时间的香气"，经长时间酝酿后蕴藏着深厚的魅力，是酒的香味。一般说来，年轻的葡萄酒不会有陈酿的醇香，而老龄的葡萄酒则会失去年轻时候的清新气息。

※分拣葡萄

　　芳香来自葡萄，主要成分有N－邻氨基苯甲酸甲酯、芳香醇、香茅醇等萜烯类化合物。醇香的成分则是在发酵和陈酿过程中生成的，大部分属于内酯类化合物。醇香的形成离不开橡木桶中的微量木香成分的加入，其香味包括酒液透过木质与空气微量接触、进行缓慢呼吸而生成氧化型的酒香，和经过多少年的瓶贮、隔离空气后通过逆氧化的现象而生成的还原型酒香，在开瓶之后、在杯中、在醒酒之后表现出来。按传统工艺酿造的红葡萄酒，需要在橡木桶里贮藏2～3年的时间。

　　很多人特别是新学习、刚接触葡萄酒的爱好者，一般比较熟悉年轻葡萄酒的香味，而对老酒的香则没有太多经验。两者的分别在哪里呢？

　　我们常常将年轻葡萄酒的香气比作其他熟悉的气味，如水果、蔬菜、花、皮革、香料等许多物品，都被我们"借"来形容酒的香气。人类如此富有想象力，深知该如何运用最富隐喻性的语言来描述一款酒的感觉特性。

※去葡萄残梗

※酒窖

　　可是我们总会发觉有部分香气或者味道是无法用语言说出来的，也无法用其他的名词、形容词来转换。香气啊、滋味啊，就在那鼻腔、口里，可是却叫不出他们的名字！品尝新世界产区的酒、新年份的酒时这样的感觉少些，品尝旧世界产区的酒、旧年份的酒时这种感觉多些。只有经过多年陈酿的、高质量的葡萄酒才具有此种多层次的香味变化，浓郁的果香与陈酿的橡木香并全，丰富的香气与细致的口感共存，平衡、协调而又细腻的融合之美无法言喻，更耐人寻味。

　　但是，嗅觉是很主观的感官，有过这样的实验，同一种东西不同的人闻会得到完全不同的印象，因此，在描述葡萄酒的香气时必须具备更多的包容力。

※Richebourg

葡萄酒的香气判断

葡萄酒的香气特性属于描述性方面，可以从三个方面写下一款酒的阶段性香气：首先是第一印象的香气；然后是主要的、典型的香气，包括品种和产地特性；最后是香气的变化。当然如果有瑕疵的香气也要写下来。

辨别葡萄酒多样的香气固然有很大的乐趣，但是"奥坎剃刀之原则"（Occam's Razer）在此时依然适用，那就是"不必要者勿加多"。

香气在葡萄酒的品质判断方面的重点在于：纯净度，浓郁度，刺激性，愉悦性，以及品种、产地、类型、酒龄的整体表现和静止、摇杯、空杯的变化和持续性。

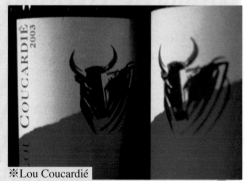

※Lou Coucardié

味，味觉
——葡萄酒的口感分析

在葡萄酒的品鉴中，香气在鉴别葡萄酒的品种、产地、类型、酒龄、品质、风格等方面有着非常重要的作用，很多酒通过闻香就可以判断出它的本质来，很多葡萄酒书籍、大师也都强调葡萄酒香气的重要性。

确实好的葡萄酒可以根本不用喝，用鼻子就可以闻出来，但是，如果不喝酒的人从酒中所得和喝酒的人所得的一样，那酒的价值到底何在呢？

葡萄酒止于鉴别，确实用鼻子几乎就足够了，但是，酒的香气只是酒液挥发的气体，葡萄酒真正的内涵毕竟还是在酒体中。苏东坡《南行集序》云："山川之有云雾，

※Côte Rôtie

草木之有华实，充满勃郁而见于外，夫虽欲无有，岂可得耶！"葡萄酒之香气乃云雾也、华实也，充满勃郁而见于外者也；葡萄酒之酒体乃山川也、草木也，葡萄酒之内涵也，夫虽欲无有、岂可得耶！

好酒必有好的香气，但不是随时都能

※Terre del Barolo

够表现出来，需要因应酒龄、是否到达适饮期来醒酒、侍酒以达至当时所能达到的最佳表现。那么，如果香气表现不好时，酒是不是就不是好酒呢？这时候又怎么判断？

香气判断是附加值，是享受值，是价值判断；但口感判断是酒质判断的基础，是基本功，是品质判断，也是真正的价值所在。学会如何用舌头来鉴赏葡萄酒、如何对葡萄酒做出正确的口感分析才是最重要的。

辨别酒的好坏，"色""香"固然是不可或缺的因素，而"味"在酒的品尝过程中尤为重要，毕竟酒最终还是用来喝的，苏东坡说酒的好坏"以舌为权衡也"，至理名言也。

🍷 味觉

※花香可嗅到却尝不到

使用器官：口腔。

感官和感觉：味觉、触觉及其他感觉。

嗅觉和味觉分辨的都是味，是对同一物质的两种不同的感受，即气味与口味。

嗅觉只能感受气体，味觉只能感受液体，对非溶于唾液的固体不能品味；嗅觉的阈值低于味觉，某些气体在空气中的浓度极低亦可觉察到，品尝味道所需的液体浓度要高得多。有些物质能嗅到也能尝到，如酸味、辣味，感受虽不同但有相近之处；有些物质能嗅到却尝不到如花香，或可尝到而嗅不到如糖精；酒属于能嗅能尝者，但感受迥异。

就生物性而言，味觉要分辨某些物质的浓度是否适合人体，如酸碱度、咸度、苦味度、涩度等。味觉的感受物质是唾液，嗅觉的感受物质是鼻液（非鼻涕），嗅觉与味觉的化学反应机理不同，即参与化学反应的鼻液和口液是不同的物质，二者都是蛋白质和水的混合物，唾液是消化酶，鼻液是免疫蛋白。

※Chassagne-Montrachet和Beaune

口腔中有两套化学感应器分别负责对味道和口感的感知。特殊的感应神经元聚集在味蕾感知味道，丰富的神经末梢遍布在口腔表面感知触觉和温度。

我们所感知的饮食味道，部分取决于激活的味蕾，如甜、酸、苦、咸、鲜等基本味觉；部分取决于口感，指在摄入食物或饮料的过程中或之后不涉及味道的口中的感觉。另外，口腔虽然没有负责分辨气味的细胞，但是鼻咽嗅觉却可以将挥发性气息通过嗅觉转介的过程将嗅觉印象转交给口腔。

大脑所感知的味道，实际上是食物味道、口感和气味三者的总体感觉——每种单独的感觉不仅会对食物的味道有影响，也是味道的组成部分。我们把这些整体的感觉统称作"味道"。

中国饮食自古崇尚"酸甜苦辣咸，五味调和；色香味形器，五感共生"。按照古代中国的物质观，木生酸、火生苦、土生甘、金生辛、水生咸，得酸、苦、甘、辛、咸，称为五味。五行之气化生五味，指示着口感、味觉。智慧其实来自生活的经验，也是根据实物的滋味总结出来的，即醋、酒、饴蜜、姜、盐。但从《说文解字》对文字结构的分析来看，中国人的酸甜咸甚至辣皆是从酒中品出来的。在饮食方面是没有天才的，口味可以养成，品味则需要学习。

※Chambertin

☞**基本味觉**

古老的智慧需要现代科学的修正，现代味觉是根据人类舌头上的味觉感受器即味蕾的味受体和味道的对应来定义的。呈味物质溶于食物的液体和唾液中，刺激口腔内的味觉感受器，产生神经冲动，然后经过各级神经传导，到达大脑皮层中味觉中枢，通过大脑的综合神经中枢系统的分析，从而产生味觉。

基本味觉指的是一种味道在我们的口腔中有与之相对应的味蕾感受器，味蕾中的不同受体对不同的味道具有特异性，如甜味受体只接受甜味配

※Viñedo Chadwick

体，当受体与相应的配体结合后，便产生了兴奋性冲动，此冲动通过神经传入中枢神经，于是人便会感受到不同性质的味道。

现代五味指的是：酸、甜、苦、咸、鲜，是为基本味（脂肪即油味，现仍未确定）。其他味道都是由基本味相互作用、影响、调和而产生的。而辣并不属于味道，在酒中，辣是一种对舌、咽喉、口腔产生的刺激感觉。

成人约有10 000个味蕾，依酸甜苦咸鲜分门别类，除了少部分分布在软腭、咽喉和会咽等处外，大部分味蕾都分布在舌头表面的乳突中，由味细胞组成，10～14天会淘汰换新，不过到45岁以上更新会变得缓慢，敏锐度也会稍微下降。嗅觉神经细胞和味觉神经细胞是人体仅有的两种会定期更新的神经细胞，而且要到65～70岁才会逐渐退化。

※La Guardia和Il Dragone

☞味觉的一般特性

味觉的灵敏性：指味觉的灵敏程度、呈味阈值、味分辨力，因人而异。

味觉的适应性：持续受一种味觉的影响而产生对该味觉的适应，分短暂和永久两种。短暂如吃糖，刚入口最甜，一会儿之后就几乎感觉不到甜味了；永久适应如长期或受地域饮食习惯影响而产生的长期适应，像江浙人对甜、山西人对醋的适应能力。

味觉的可融性：不同的味觉相互融合而形成新的味感，表现出对比、相加、掩盖、转化等特性。

味觉的变异性：由生理条件、外部环境、温度、湿度，甚至心情等因素引起的变化或改变。

味觉的关联性：指味觉和其他感官相互作用的特性，嗅觉和味觉的关联最为紧密，而听觉、视觉也会产生心理关联。

☞味觉的其他特性

味细胞表面由蛋白质、脂质及少量的糖类、核酸和无机离子组成，不同的味感物质在味细胞上也有不同的结合部位。而且，这些味觉并不是同一时间被感知的，不同味觉的刺激反应时间不同，他们在口腔的变化反应也不相同。而味蕾的分布亦并非遍布整个舌面和口腔的所有区域，舌的前端丰富一些，而舌尖感受甜的味蕾集中一些，舌的两侧感受酸和咸的集中一些，舌根感受苦的味蕾集中一些。所以在品尝的过程中必须通过舌头和双颊的运动，才能将和唾液混合后的呈味物质送到味觉感受器作最大面积的接触。但是大脑会直觉地认为味道是从整个口腔内部表面呈现出来，这个现象的发生是因为大脑以触觉来决定味觉的位置，食品和液体的流动会将味觉印象带给整个口腔。

食物或饮品中含有1/200的甜味，味蕾就能够感受出来，也可以感受出1/400的咸味，1/130 000的酸味，和1/2 000 000的苦味。而甜味反应也最快，一经接触，刺激反应几乎同时进行，在接触后第2秒甜味强度达到

※Poggio Antico

最高峰，然后逐渐降低，10秒之后消失。咸味和酸味则在1~2秒之后出现，5~6秒之后开始消失。苦味最迟，6~10秒之后才出现，保持的时间也最长，无论酒喝下去或者吐出来，苦味依然存在，甚至苦的印象会带至下一杯酒或下一款酒里。

触觉是身体最近距离的接触，乃生命体最后一道侦测屏障，对安全认知特别敏感，人因触觉刺激得以辨识事物的表面变化，如质地粗糙、平滑，形状尖锐、圆钝等信息；又根据压力辨识重量、作用力等；温度感则提供能量高低、物体性质、环境变化之认识。口腔触觉是由于口腔表面的软组织有一个游离神经末梢系统以及封闭的和不封闭的神经中枢，这些游离的神经末梢对接触、轻压以及热、化学和机械刺激作出反应，感知诸如温度、厚薄、粗糙、润滑、痛疼之类的口感特性。

饮食的口感特征也是衡量葡萄酒质量最重要的一个方面，在口腔中它们的硬性、软性、多汁性和油性与用手指触摸的感觉非常相似，基于人类通感的作用，在葡萄酒中形容触感的词汇用的就是形容手感的词汇。如用金属表面、木质表面、布料丝绸表面等来形容酒液、酒体和酒质的光滑度、粗糙感以及松散紧凑的程度等。

所以品酒时，为了能够最大程度地感受酒的各种味道和感觉、获得最大程度的味感，品尝时必须在口中搅动酒液，除了让酒液布满口腔和舌头之外，还有必要通过吸气让空气穿过口中的葡萄酒，把香气释放出来，通过鼻咽回流机制增强感受，整个过程酒液需在口腔停留不少于12秒的时间。并且在品尝两杯或两款酒之间以喝水、吃面包来清洁和中断上一口酒的口中印记。

另外，人体唾液中水分占99%，含有蛋白质、酶等有机物，以及少量无机物。品尝的时候唾液会和酒中物质结合激发出更多味道，但是也会冲淡葡萄酒，影响味道的表现。

※开水

葡萄酒喝到口中后，所得到的这些味觉和口感的总和，就构成了葡萄酒的味道和滋味，即由舌头和口腔感觉到的甜酸苦咸鲜等基本味觉；以及由舌头、面颊、上颚、牙龈的接触而感知到

※面包

的触感与化学的感觉，如：酒精的灼热感和以后产生的甜感、甘油和糖的润滑感或脂滑感、唾液中的蛋白质和酒中多酚类物质会产生化学作用后引起的舌、唇和口腔的涩感、收敛和粗燥感、引起的牙龈刺激和口腔收敛的酸感、白葡萄酒和桃红葡萄酒凉快的酒温给口腔带来的轻快感。

品什么

☞葡萄酒的味觉元素

甜味

　　甜味能给人圆满浓郁、柔美绵软的感觉。

　　葡萄酒的甜味主要来自葡萄果实中的葡萄糖和果糖，以及酵母发酵代谢产生的醇类和甘油物质，酒精即具甜味。

　　虽然糖和酒精所引发的甜味并不一样，但皆属同一类味感。酒精更可增强糖的甜味特性，加强葡萄酒的厚实感。糖的甜味则可降低酒精的刺激感、减弱酸味。甘油具有几乎与葡萄糖相同的甜味强度，能加强酒的醇厚感，并赋予柔和、肥硕的口感特征。

　　我们常犯的错误是将甜和糖混为一谈，很多酒表现出甜的感觉，但仅含不多的残糖，另一些酒含有大量的糖，却不会表现出太多的甜味，其他物质特别是酸度对甜的感觉大有影响。

※Frey-Sohler Riesling甜白酒

　　甜白葡萄酒含糖量高，除了甜味，还能产生一种灼烧的口感，因为和酒精的灼烧感相似，人们常将两者混淆。

※葡萄

酸味

　　葡萄酒中的酸味是由有机酸引起的，大部分以游离状态存在的有机酸才具有酸味，构成葡萄酒中的总酸，表现酸味的同时也呈现收敛性；另一部分酸与葡萄酒中的碱结合，以盐的状态存在。

　　来自葡萄果实的酒石酸是一种尖酸，非常硬（hard），酸味大，是酒中最酸的酸，口感粗糙；苹果酸带涩感；柠檬酸则表现为清爽感。来自发酵过程的乳酸酸味较弱；醋酸带有醋味；琥珀酸味感稍浓，有苦、咸味，味感复杂，好的琥珀酸可使滋味浓厚，引起唾液分泌，增强醇厚感。

　　太酸之酒生硬，属"生葡萄酒"；缺酸又口味平淡，属"软葡萄酒"；酸味适宜，予人醇厚、干洌、爽快感的葡萄酒，具开胃作用。

苦味

　　葡萄酒的苦味，主要来自多酚类，而且苦味常常与涩感相结合，有时候很难将这两种感觉区分开来。

　　多酚类物质之花色素是红色素，只存在于红葡萄酒中，在游离状态下没有味感。类黄酮酚类物质是葡萄酒中最主要的苦味化合物，单体丹宁（儿茶酸）比聚合丹宁（缩合丹宁）更苦。缩合丹宁由来源于葡萄果实的籽、果梗和果皮中的无色花色素构成，另外橡木桶也会释出部分丹宁于酒中，这些丹宁苦味和收敛性都很强。

※橡木桶也会释出丹宁

※老年份的葡萄酒有时会表现出咸的味感

在葡萄酒瓶中成熟的过程中，丹宁发生聚合和沉淀，口感变得柔和，苦味和收敛性都会减弱，但是，如果分子较小的酚类物质保留在酒里，或者大分子丹宁水解为单体，那么反而会增加苦味。

好酒的丹宁表现在收敛性，苦味不会露头，只有处理不好的酒才会表现出苦味来。

食物中适量的苦味给人以净口、止渴、生津、开胃等作用，葡萄酒中表现良好的苦味会增加味感的厚度，白葡萄酒中的轻微苦感有时候也很过瘾，都会增添葡萄酒的味感体验。但是，过苦或者质量不高的苦味则对味觉具有破坏作用。

另外，酿造时的污染或者失误也会让酒产生苦味，这是瑕疵的味道。

甜味和苦味拥有相似的激活模式，酸味和咸味亦然，有时候会让我们的感官产生误解，须留心。

咸味

每升葡萄酒中含有2～4克咸味物质，主要是无机盐和微量有机盐。这些少量的盐性物质也参与葡萄酒的味感构成，并使之具有清爽感。质量不好的情况下会表现出轻微的咸味、酸味和苦味来，在酒中咸的味感隐藏不露才佳。

老年份的葡萄酒有时候会表现出咸的味感，而一些近海或者过度灌溉的产区的葡萄酒也会表现出咸味来，对葡萄酒的味觉体验带来影响，当然有好有坏，有时候也会增添味觉感受。但这些都是特殊情况，咸之味感在葡萄酒的品尝中并非必需。

鲜味

葡萄酒还含有许多中性或者无味的微量成分，例如氨基酸会表现出鲜味来。除非含量极多，否则不对味感造成影响。

长时间和自解酵母接触的酒类，如香槟或者勃艮地的一些干白，会得到酵母细胞释放出来的核酸，也属鲜味物质，对葡萄酒的风味有增强作用。

鲜之味感在葡萄酒中亦非必需。

金属味

用金属发酵槽酿造和储藏的葡萄酒有时候会带有金属味，一些年轻的红葡萄酒中也常会有金属味或者铁锈味，这也属于瑕疵味的一种。但是金属味不只这一个来源，在气泡酒的回味里也常被察觉。

※Gancia Prosecco

☞葡萄酒的口感元素

除了基本味觉外，口腔还能产生很多感觉反应。口感是呈味物质被三叉神经的自由神经末梢激活产生的，三叉神经纤维包围着味蕾，随机分布在口腔内部，三叉神经感受器至少有4种类型：机械感受器（接触）、温度感受器（冷热）、伤害感受器（痛疼）、自动感知器（运动和位置）。

口感触觉最重要的就是感觉酒液的质地。质地也就是肌理，在葡萄酒的品尝中指的是液体流变在口腔留下的质感，即葡萄酒的流动性、收敛性、脂滑感、圆厚感、涩感、粗糙感、干燥度、颗粒感、压力感、口腔覆盖度、光滑度、黏度、均匀度等。

触觉感官

温度：热、温暖、冷等。

刺激和痛感：焦灼、针扎、炙热、刺痛、疼痛等。

压力：轻触、压力感等。

震动：二氧化碳破裂、撞击、膨发感、杀口感等。

质地：粗糙、颗粒般、摩擦感、光滑、柔顺、顺滑等。

空间：形状、面积、立体感等。

涩感

红葡萄酒最主要的口腔触觉就是由多酚类物质造成的收敛性，即涩感。

涩感由唾液中的蛋白质与酚类化合物相结合而产生，沉淀覆盖在舌苔、口腔表面，增加了摩擦感，降低了润滑感。

收敛性能引起干燥的、苦涩的、粗糙的以及灰尘味的口腔感觉，而滑涩感也是液体类饮料最主要的口感特征，如酒、茶、咖啡以及其他液态饮品。

※Salon香槟

收敛性和苦味可由相同的化合物引起，反应曲线也相似，其过程都比较缓慢，一般需要5~10秒才能被感知到，回味也都很长，容易引起混淆。

白葡萄酒的涩感主要是由酒精、酸度和微量物质等引起，常被品酒者所忽略。事实上，由涩入滑不但是红葡萄酒的追求，白葡萄酒、甜酒、烈酒、香槟和茶也一样，质地的柔滑、余味的回甘都是最高的口感要求，但和红酒相比需要更细腻的心灵去体会。

※香槟在酒窖中摇瓶

香槟和气泡酒的触觉，也会表现为涩感，但最主要的表现则是一种膨发感，即二氧化碳在口腔黏膜上释放时的杀口感，就好像小小的撞击引起针刺般的痛感一样，有时是麻刺感，有时是疼痛灼烧感。在味觉上，溶解的二氧化碳有轻微的酸味，甚至带有苦和咸的味感。二氧化碳的碳酸化作用对口感的影响很复杂，也对香气产生影响，促进了挥发性，但是同时也降低了芳香物质的感知。

酒精

酒精（乙醇）是酒中辛辣感的来源，具有既有味又有黏膜反应的复杂味感，有味在于酒精本身具有甜味；而黏膜反应指的是由酒精在口腔黏膜引起的热感及刺激带来的疼痛感，表现为热感和苛性感，也具有收敛性和涩感，这一点在白葡萄酒中比较明显。

酒精度过低或过高都会呈现出酒精的不良味感：过低酒味平淡，过高则表现出"酒精味"，皆会影响葡萄酒的平衡，降低葡萄酒的质量。

酸度会减弱酒精的甜感，而酒精也能降低酸味的感知，高酒精会使高酸度的葡萄酒酸性变弱从而达至口感的平衡。高酒精产生的灼热感有助于酒体的丰满感或重量感，但是这种灼热感也常常被误认为"复杂度"，一定要分清，否则会影响葡萄酒品质和等级的判断。

※控制温度

温度

葡萄酒的饮用温度也是个很重要的课题，和口感、味觉、香气都有关系。

干白葡萄酒最佳饮用温度应该在8~12摄氏度，甜白和香槟可以再冰一些，为6~8摄氏度。对甜白葡萄酒来说，冰凉的温度可减弱甜味的感知，增强苦味和收敛性的感知；对香槟而言，冰凉的温度可延长起泡的时间，并增强气泡的刺痛感。

红葡萄酒的饮用温度在16~22摄氏度最佳，这时候酒的挥发性提升，香气的感知增强。温度过高则会令酒体涣散，这时候将酒适当降温可增加甜感，并让酒体更加紧凑。

而味觉的敏感度在食物温度为20~30摄氏度时最高，所以我们需要因应各种酒类不同的入口温度来调整酒液在口中的停留时间，以达到对酒品最大效果的感知。

※波尔多美酒

酒体

"葡萄酒的酒体"和葡萄酒品尝时在口感上的"酒体"是两个不同的概念。

中文"酒体"的涵义十分宽泛，在中国的品酒术语里"酒体"指的是色、香、味的综合表现，既包含酒的物质基础，也涵盖酒的组成予感官的综合感受，是对酒品的全面评价。这是"葡萄酒的酒体"。

而在英文品酒词汇的酒体——"Body"，侧重于单向风格的评价，专指酒液在舌面的质量，也就是酒中丹宁、糖分、酸度、甘油和干浸出物等呈味物质结合起来在口中的分量，即质量、密度、浓稠度与饱满度，口感以其离水有多远来作轻盈、中等、醇厚之别。譬如一杯清水、一杯淡茶、一杯浓茶，近水者轻，远水者重。酒体丰满的酒内含物丰富一些，酒体单薄的酒则滋味寡淡。此谓口感中的酒体。

根据口感强度酒体可分为：轻度（Low）、中度（Medium）、重度（High）。

余味

余味是葡萄酒另一个重要的特征，即使酒液离开口腔，咽下去或者吐出来，酒的滋味和香气也不会立即消失，依然会停留在口腔和鼻腔，香气和口感继续存在，逐渐减弱，最后消失。这种咽下或吐出后所获得的感觉称为"余味"。

余味感觉非常复杂，包含了嗅觉、味觉、咽喉味觉、口腔感觉、嗅觉记忆、味觉记忆等多方面的参与，而余味之味持值包含了量度、口腔留存的感受面积、持续的时间以及质量，无论在品质判断方面还是纯粹的品饮中都具有重要的赏味价值。

※Brunello di Montalcino

189

🍷 如何品

葡萄酒入口，根据味觉和口感的特性，首先用舌面称量酒体，然后感觉酒液的甜度、酸度以及其他味道，记录出现和消退的时间，之后用舌头搅动酒液，并鼓动两腮，以双颊感受酒精的刺激感，稍微低头，微张口，吸进空气，感受鼻腔的回流香气，继续体味酒体的丰满度，留意味道的持续和变化，以及酒液流动产生的口腔触觉，约12秒之后咽下酒液，注意舌面的滑涩感、口香以及余味。

※Vigne de L' Enfant Jésus 2004

酸味的穿透力很强，从开始到余味都可以感受到，呈线状；甜味的圆润、肥硕感赋予酒体以宽度；涩感则具流动和停滞的反应，体现出面的二维性来；而酒体既有质量又有厚度。因此葡萄酒口味具备点、线、面、体的不同感受——液体的葡萄酒竟有了三维立体的印象！呈味物质构成葡萄酒的骨架和肌理，余味产生时间性、空间度和时间感，于是令葡萄酒成为一个完满、圆足的审美客体。

※Chapelle Chambertin

在前文我们已经了解到葡萄酒的历史、葡萄的种植、葡萄酒的酿造、葡萄酒的颜色、葡萄酒的香气以及葡萄酒的口感元素，这对于判断和辨别一款葡萄酒的品种、产地、类型、酿造方式甚至年份已经十分足够。香气的丰富优雅、味道的酸甜咸苦、丹宁的质感，葡萄酒能表现出的这些特征已足以说明和显现一款酒的优越性。

但是，葡萄酒毕竟是给人喝的，愉悦于口、愉悦于感官，从肉体的愉悦提升至精神的愉悦才是我们对一款葡萄酒最大的追求。

人类建构的文化世界可划分为3大领域，即科学、艺术和道德（或宗教）。如果葡萄酒仅止于鉴别，不足以构成葡萄酒文化，因此必须走向鉴赏的领域。鉴别只限于对特征的认识，而鉴赏则包含了鉴别和欣赏，即愉快经验。葡萄酒的品鉴和欣赏是一种审美经验，康德在《判断力批判》中把"审美判断"称为"鉴赏判断"，他说："鉴赏判断是审美的。"书中提出"美的分析"的4个契机，都是对"鉴赏判断"所作的界定。而"鉴赏判断"所涉及的想象、知解、情感和愉快等心理功能，都属于审美经验的范畴。

※ 葡萄园

美的观念无论中西皆自古就已存在了，而"审美"的概念最早是由德国哲学家鲍姆嘉通提出，他以"Ästhetik"命名自己的著作，通常被译作《美学》，其词源来自希腊文，本意是感性学，意指感官的察觉，局限于研究感官和情感。《美学》一书开头给出的定义是："美学的目的是感性认识本身的完善，而这完善就是美。"所谓"感性认识"，是指在严格的逻辑分辨界限下的表象的总和，包括感觉的感受、想象、虚构、感觉、情感等，皆属审美范畴。

当代美学观认为审美是人从对象中直观到自身的活动，美的东西是显现人的本质的东西，确切地说就是人的本质丰富性的对象化。人的本质丰富性，首先是知、情、意诸心灵能力的协同作用，知觉作用、观念作用与情感、意志联系起来，经丰富多彩的外部世界的感发，把自身的人格特征和发展完满的内心世界感性显现成一种具体的、可描述的、具普遍有效性的模式，展示其多样性的因素和形态，并把握其内在的统一。

葡萄酒的风味是各种味道和口感元素的融合，物和则嘉成，"和"即意味着"多"，蕴涵着葡萄酒此一有机统一体味感构成的各种元素，以及这些不同元素、对立因素之间的动态关系或关系结构。《左传》中晏婴："和如羹焉，水、火、醯、醢、盐、梅，以烹鱼肉，燀执以薪，宰夫和之，齐之以味，济其不及，以泄其过，君子食之，以平其心。"

※葡萄园的玫瑰

味道和口感诸元素之
"和"中有不及、有过
之，需济泄相调，齐之以
味，才能达致平舒谐和。
"齐之以味"，则味道和
口感诸元素间必有一内在

※Rivetto

标准，有一种感觉感知的秩序，济泄取舍方能正确行之。这与鲍姆嘉通把
感觉认识即感受或感觉的完善性称之为美有着异曲同工之意。

饮食之事，适口为佳，中和之美蕴含着正确性原则，即合目的性，和
谐状态即是最佳状态，进入"和"的元素务必是具可取之处的元素，并逐
出不可取之元素，如此才能达致感觉之完善性。

葡萄酒的口感判断

葡萄酒的味觉元素有酸、甜、咸、苦、鲜以及金属味等，口
感元素有触觉之收敛性即涩感、酒精感、酒体以及余味。

在葡萄酒中，酸、甜乃最重要的味觉元素，咸、鲜及金属味
则是非必需或者是瑕疵的味道，此皆不可取之元素；苦味亦是非
必需，可归于收敛性即涩感项下。

味觉和口感元素构成葡萄酒味
感的基础，一般经过计入和排除的
选择性过程；酸度、甜度、涩感、
酒精、酒体、余味等6项是葡萄酒
可达致"和"的元素，即为葡萄酒
之口感要素，此6项要素结合成一
种口感表示的形式，建构起葡萄酒
的口感结构来，亦即品质的标准。

※Mazis-Chambertin

品酒随笔

吃葡萄不吐葡萄皮

　　红酒是由红葡萄酿制的，白酒则是由白葡萄酿制的。这种说法正确吗？

　　在酒类专业术语中，红葡萄指的是红、黑、蓝色系的酿酒用葡萄；白葡萄则是指白、绿或黄色的酿酒用葡萄。

※葡萄

　　大家一定有过剥葡萄皮的经验吧？那么你会发现，无论是红葡萄还是白葡萄，果肉几乎都是白色的或者浅绿、淡黄，当然除了一些紫色的品种。酿酒用葡萄和食用葡萄在这点上是一样的。

※Louis Moreau

　　葡萄酒的颜色主要来自葡萄的皮和汁，红酒的酿制是皮与汁一起发酵，皮中的花色素进入到酒浆中，形成红酒的颜色；白葡萄酒则是分离葡萄皮，单独发酵果汁，所以只是有果汁的颜色。

　　回到前面的问题，红葡萄是可以用来酿制白葡萄酒的，甚至真的有完全用红葡萄酿制成的白葡萄酒，现在很多新兴葡萄酒产地为了增加风味和复杂的口感，很流行调和红、白葡萄来酿制红葡萄酒或者白葡萄酒，所以前面的说法并不完全正确。

葡萄皮带给酒的当然不仅仅是颜色，还有另外一种物质：丹宁（Tannins）。

这是一种有利的酚类化合物，在植物中作为保护机制存在于叶子（像茶）或者果实的表皮（葡萄或其他水果），和蛋白质作用能够防御细菌，而和口水里的蛋白酶起反应则会产生苦涩的口感，可用来防止植物的叶子和果实还未成熟便过早地被动物吃掉。等到果实成熟了，丹宁也会成熟，并被甜味掩盖，果实变得甜美可口，吸引动物摘食，从而将种子传播开去。

吃葡萄不吐葡萄皮，试着咀嚼，连籽一起，在舌上、上颚间形成的是一种什么感觉？喝茶的时候，比如香片，口中涩涩的，浓茶的话甚至会觉得苦，舌头表面也会有收敛和涩的感觉，这就是丹宁。

适量的丹宁会给酒和茶一个好的口感，口腔中的收敛，会引起津液，令你胃口大开，所以喝茶的时候可以伴一些点心，而葡萄酒也被称为佐餐酒，可以去油腻，和肉类中的蛋白质起反应，使纤维柔化，令肉质吃起来感觉细嫩。

Tannins一般译作"单宁"或"丹灵"，不过我更喜欢用"丹宁"。来自葡萄皮、梗和籽以及盛酒的橡木桶的丹宁可称为好酒的神丹灵药，正是它赋予了葡萄酒骨骼和架构，以及陈年的能力。好的丹宁带来好酒，好酒则是让人宁静的。坏的丹宁？只有一个味道：糟糕的苦。

品酒随笔

不吃葡萄倒吐葡萄皮

就酒体而言，白酒重要的是酸、甜、酒精3方面的平衡；红酒则是酸、甜、酒精和丹宁4方面的平衡。酸是白酒的躯干，丹宁是红酒的骨骼。

白酒是由果汁的液体发酵，将糖分转化为酒精；而红酒是混合发酵，多了皮、籽、梗等固体物质的浸渍作用，将丹宁、花色素等溶解在酒浆中。正是丹宁、花色素等酚类物质给予红酒比白酒更为复杂的颜色、结构和口感。

花色素分子呈红色，正电性，活跃而不稳定，容易和其他分子连结而转变颜色；丹宁在化学概念里是带负电

※木塞

※Clos de Vougeot

子的活性分子，本身也有颜色，多为橙、琥珀和黄；两者的正负电子可直接结合，形成无色物质，在无氧的状态下水解会变成橘黄色，接触氧气则会是红色，而在微氧的条件下，如在橡木桶中或者软木塞封闭的瓶子里，与酒中的乙醛结合，会变成一种稳定的红色色素。几个因素带来的变化决定了红酒颜色的变幻。所以，葡萄皮本身含有的和酿制过程中萃取的花色素的多少是红酒颜色的基础，而丹宁的多少则既是颜色稳定的条件，又是葡萄酒经得起陈年的重要因素。

丹宁不是气味或味道，而是一种在口中能够察觉的触感。新酿的酒中，丹宁是大量而独立的存在，小分子活跃，和口水中蛋白酶反应猛烈，口感苦涩、粗糙、生硬。橡木桶或者酒瓶微氧环境的陈年对丹宁结构的改良起着积极的作用，随着时间它的含量会减少，既和花色素结合，也会和酒中的蛋白成分结合，产生稳定的物质使酒质能够保持：一些分离凝结成为酒中的沉淀，一些由简单的小分子聚合成连锁的复杂大分子，使酒浆入口的反应会变得柔和、驯服并且持久，有一个好的口感。

近年的研究证明花色素、丹宁对人体的健康长寿也有着对酒一样的保护作用。不吃葡萄倒吐葡萄皮，喝一口红酒吧，葡萄皮中优异的、有益的物质皆在其中。

※葡萄酒展

第三节　葡萄酒口感结构之建立

葡萄酒的口感结构

葡萄酒的结构和葡萄酒的口感结构是两个涵义不同的概念。

葡萄酒的结构指的是酒中那些不因时间而改变的物质，如酸、甜、酒精以及红酒中的丹宁成分，即葡萄酒的物质基础，这属于存在项。

葡萄酒的口感结构则是指这些物质在口感上的呈现方式，这属于发生项。

酒中存在的物质是封闭的但却也是真实存在的，能否在杯中显现出来同时又能被饮者觉察，饮者又能否全部或部分地觉察，不确定性在此占了上风。存在项是肯定的，发生项则充满疑问。

※Clos De La Roche

"结构"的英文structure来源于拉丁文的structura，是动词struere的过去分词structus的名词形式，意思是"堆聚、排列"，其英语同源词为strew，意为"散播"。

在一般用法中，不管是精神性还是物质性的，结构指涉的都是一种具有"物"或"体"的状态的存在物。然而，任何建筑师或工程师都会告诉我们，结构是通过其组成部分之间的关系而不是通过这些组成部分本身来定义。在物质结构中，这些关系可能包括一堵墙壁、一道天花板或一个横梁所承受的各种"力"的关系。

而在饮食范畴里，口感结构指的是口感各元素之间的各种"力"的关系。酒中的各类成分作为信息，可分解为不同类别的内容分析单位，而酸甜苦咸等味觉以及口感元素，各具性质和口感表现，他们之间的转换变化具有一定的规则，因此，葡萄酒口感结构的形成也成为可能。

根据格式塔异质同构学说，在刺激与知觉之间不存在内容方面一对一的对应性，而是知觉经验的形式与刺激的形式相对应，人的大脑因应外部事物的"力的式样"而受到轻重不同的刺激，形成相应的电化学的力的式样。正是审美对象特定的力的式样，拨动了审美主体的情感之弦，构成美的形象的特定结构。

※ Manzone Le liramolere

　　葡萄酒的鉴赏如果仅停留在感官，我们能得到的不过是模糊的感受层次上的印象。康德曾说过，知觉不是一种被动的印象和感觉元素的复合，而会主动地将这些元素组织成完整的结构形式。

　　因此，在葡萄酒的口感分析上，我们可以加入一点数学情调，把口感和味觉元素类比为一个几何问题，以直观的几何图像来阐释葡萄酒的审美现象，也就是，用直尺与圆规以一种建构性的方式，将葡萄酒中这6项具有相互关系的口感要素作为单元，彼此构成束列，用直线或圆形相连，组织起来之后构成葡萄酒的口感结构。以一种系统的、图式的观感建立知觉秩序，从形式和结构两方面去解读葡萄酒。首先建构它，然后再去解构它，如此才能够使葡萄酒的品尝成为一种普遍的可传通性。

葡萄酒的口感要素

　　葡萄酒的口感要素包括酸度、甜度、涩感、酒精、酒体、余味。

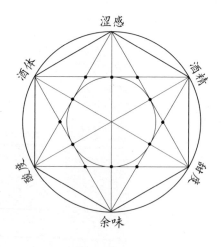

※葡萄酒的口感要素

葡萄酒的口感层次

罗兰·巴特在其《叙事结构分析导论》中写到："我们关于叙事分析应该谈些什么呢？它必然应该是一种演绎性的程序，它首先必须设想一种假定性的描述模型（美国语言学家称之为'理论'）。"

那么，我们关于葡萄酒的口感分析该谈些什么？关于葡萄酒的描述之演绎性程序该如何进行？

层次理论（如罗兰·巴特所陈述的）提供了2类关系：分布性的（诸关系位于同一层次上）和整合的（诸关系被逐层理解）。

☞分布性的层次

6项味觉及口感单元的向度构成葡萄酒分布性的层次：

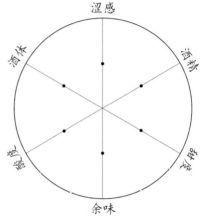

※葡萄酒的分布性层次

风味的强度

葡萄酒的味觉和口感构成元素，在葡萄酒中各具一定的分量以及风味强度。

※风味强度示意图

201

　　葡萄酒中的这么多味感，在品尝时并非只要列出他们的主要类别、分出强弱程度，且把他们看作没有联系的多样性，以为这就显示了口感的丰富性。其实这些味觉和口感单元、要素彼此之间有着千丝万缕的关系。

向量关系

※口感、味觉元素之间的相互关系与平衡

　　在葡萄酒的味觉、口感要素之间，存在着以下关系：

　　甜味和酸味具对立性，可以相互掩盖，甜味会因酸味而减弱，量越大减弱程度越大，反之亦然。同样甜与苦、甜与咸都能相互掩盖，但是，却不能相互抵消。

　　甜味对丹宁的涩感有掩盖作用，而且可以推迟苦味和涩感出现的时间。过甜的酒则有甜腻、柔弱感，缺乏骨骼和深度。所以，甜型的葡萄酒需要很强的酸度和其他对立元素物质才足以支撑起整个口感。

　　酒精具甜润感，可增强甜度，以及酒体的饱满度，刺激反应亦会产生立体感。但酒精不仅不能掩盖涩感，还会在余味上增强涩感。

　　苦味和涩感会加强酸度，酸味虽然可以掩盖苦味，但在余味上却会加强苦感，而涩感始终会被酸味加强。甜味和苦味之间可相互掩盖彼此的味道，不过苦味对甜味的影响更大一些。少量的苦味可使酸味增强。

咸可增强甜味的甜度，糖的浓度越高增强效果越明显。而甜对咸则有减弱作用。少量的咸味可增强酸味，大量则会减弱酸味。咸味与苦味之间有相互减弱的作用。鲜味可使咸味减弱，适量的咸味则可使鲜味增强。

如前所述，咸味和鲜味在葡萄酒中极少见，葡萄酒的味感大多数情况下取决于甜味与酸味、苦味之间的平衡，而苦味又是不露头才佳，味感质量主要决定于这些味感之间的和谐程度。

上述口感和味觉之间的平衡关系，对于解释葡萄酒的风味及其结构非常重要。

正是酸、甜、苦、咸、鲜、酒精、酒体、涩感、余味等这么多种味觉和口感的元素，以水为载体，混融在一起，相辅相成，相反相济，融合互渗，生发掩隐，以"对立风味的共存"、"对立风味的调和"或者"对立风味的平衡"等不同方式存在，构成了葡萄酒口感的和谐以及多种多样的风味。

※Château La Conseillante

二元性

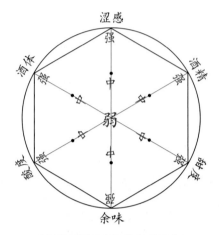

※味觉和口感元素的二元性

当我们明白了葡萄酒味觉和口感元素的特性和之间的张力关系，再去体会各元素和要素的时候，这时候我们感觉到的酸、甜、涩、酒体、酒精、余味便已经包含了他们互相作用、互相影响之后的客观而又具体的印象。

酒体：有轻重，有厚薄，有浓淡，我们可以用重酒体、中度酒体、轻度酒体或者厚酒体、中度酒体、薄酒体来形容。

甜度：甜度也有强、弱的程度之分，在甜酒类型中，甜度可用极甜、很甜、甜、稍甜、微甜来形容；甜的反面，即英文品酒术语中的"Dry"，是不甜的意思，中文翻译为"干"，在干型酒中，甜度可用极干、干、微甜、带甜、甜来形容。

酸度：酸度的强弱可用极酸、很酸、酸、微酸、少酸、缺酸来形容。

酒精：有刚柔，有宽严，酒精度可用酒精感极强、酒精味太强、炙热、刺痛、酒精露头、酒精收裹极佳、酒精温和、酒精感弱、缺酒精等来形容。

涩感：在红酒中，涩感主要来源于花色素、丹宁等，这是红酒的主要口感。所以在红酒的口感结构中，涩感即是丹宁。丹宁的口感，年轻时涩感较重，但亦有粗糙、散漫、紧凑、细致之别；随着陈年会向细密、柔和、顺滑发展。形容丹宁涩感的词汇有：砂纸般、沙粒般、木质表面般、布料般、丝绸般、天鹅绒般、金属表面般等。在白酒中，因为几乎不含丹宁，涩感的来源是酸度、酒精、酒中的微量物质，需要更细腻地去体会。形容涩感的词汇有：粗糙、有涩感、稍涩、顺畅、顺滑、圆滑等。

在香槟和气泡酒的口感结构分析中，涩感项由"气泡"取代。香槟和气泡酒也具有涩、滑的口感之别，可归于起泡性一项里一起感受。起泡性包括起泡的程度、持续性；气泡的大小、规则；口中的膨发感、杀口感、顺滑感等因素。

余味：余味既有时间性，即持续时间的长短、徐疾；也有空间性，如在口腔、舌头留下面积的宽紧、阔细，感觉的多少、即离。

葡萄酒中的这些要素，除了本身内含量的多寡在口感、味觉感受性上表现出强弱程度来，新年份的葡萄酒和老年份的葡萄酒也会体现出强弱的感受差别来，而且每个人的味觉灵敏度和承受度都不相同，即使同一瓶酒不同的人来品尝，在味觉、口感上依然会表现出感受性的强弱差别来。

味感刻痕：中和之美

我们以"涩感"束列为坐标，取中，然后按"强中弱"分成等份，即强（强、中、弱）、中（强、中、弱）、弱（强、中、弱），并以此类推至其他口感要素选项。当我们拿着一杯酒时，慢慢感受这些口感要素的强弱度，然后据"执两用中"的原则在各束列上划下刻痕。

※味感刻痕

"中"其含义主要不是中央而是中正，即正确、准确之义，即是说，在对立因素或对立面之间，"中"并非指两端间的正中央之点或某一固定之点，而是指流动着的正确之点，也就是说味感刻痕之中点是依据口感强度的不同而变化、而流动，可以处在两端间的任何位置，既可以在中央，也可以偏于其中的一端。

味感刻痕显示的不一定就是味感要素在酒中的物理含量，而一定是在我们口腔中的感觉强度。

据中和之美的原则，诸口感元素间以中节适度、不偏不倚、平衡协调为佳，如大多数的干白、干红，诸元素都不该露头，其刻痕之"中"必处在两端之间的流动之点。

年轻时候的葡萄酒口感元素含量丰富，风味强烈，那么，口感范围是在外围，倾向强的一端；老年份葡萄酒风味转弱，口感范围则在内层，接近弱的一端：

※新年份葡萄酒

※老年份葡萄酒

以下款老年份葡萄酒为例，口感范围在内层，接近弱的一端：

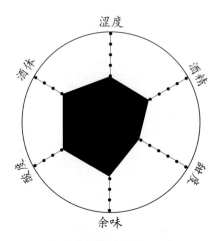

※Santenay ler cru Les Grdrières

中和之美也包含对极端的追求，如一味突出的甜白酒或加烈葡萄酒，其刻痕之"中"可处在口感表现最强的一端之上，只要这"极端"是美与正确的所在。如下图之德国冰酒，甜味特出，其甜度便处于最强的一端，此"极端"正是美与正确所在。

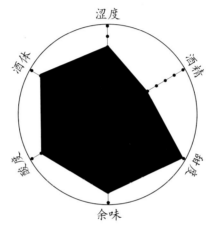

※P.J.Valckenberg Madonna

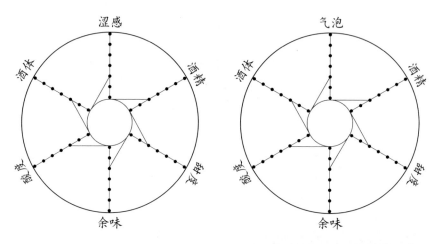

葡萄酒的涩感来源主要是丹宁，白葡萄酒的收敛性则来自酸度和酒精，此口感结构图（左图）可作为红酒、白酒口感分析用。

香槟的口感亦有滑、涩之别，不过以气泡之膨发感为口感上的重点，香槟的口感结构以"气泡"取代"涩感"（右图）。

葡萄酒的年份

葡萄酒的酒标上都会标有年份，葡萄酒的年份指的是酿酒原料即葡萄采收的年份。

葡萄酒的一切质量因素都存在于葡萄原料中，酿酒工艺仅仅是把这些质量完全地在葡萄酒中表现出来。所以影响葡萄酒质量的先天要素是：地理位置、土壤、气候、葡萄和酿造技术。

葡萄酒是酿造酒，酒中酸甜苦咸诸元素多是活性物质，随着陈年会发生很多变化，此消彼长，缔合转换，这些物质的含量和存在形式都发生着变化，有

※Taittinger Collection

210

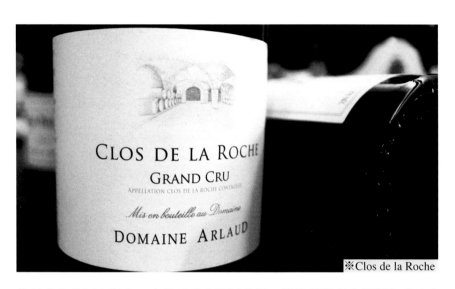

※Clos de la Roche

些元素会从酒中释出，有些元素会消耗殆尽，即使仍留存在酒瓶中而于味道和口感上的表现也大不相同，这些元素就是葡萄酒的化学、物理学和微生物学的不稳定性因素。所以葡萄酒是一种随时间而不停变化的产品，这些变化包括葡萄酒的外观、香气、口感等，葡萄酒的这一不稳定性就构成了葡萄酒的生命曲线，这就是"葡萄酒是有生命"的说法来源，也是葡萄酒比其他酒类更具乐趣的原因。

从生物化学的角度，生命和衰老都是氧化现象的结果，因为所有的氧化现象都是释放能量的过程，葡萄酒的生物性也决定了葡萄酒确实具有生老病死的历程。

葡萄酒的生命力既取决于先天，即产地、酿造技术和装瓶前的微氧化作用，也取决于装瓶后厌氧状态下的还原作用，封瓶方式、贮藏条件都对其产生影响。

葡萄酒的可饮性是有一个边界的，过了适饮期限，就会失去活力，其口感刻痕之"中"便接近于弱的一端，此谓"时中"，即此一时也、彼一时也，如过"极端"则显示着这瓶酒已经死掉了。

不同质量的葡萄酒都有自己的生命成长轨迹，优良的葡萄酒可保持其优良的质量达数10年，而日常餐酒则最好在3~5年之内饮用。

也正由于葡萄酒的不稳定性，葡萄酒既会发生随着时间改善香气和口感的好的变化，也会发生改变香气和口感的坏的变化，储存环境、温度、光线、时间性都会产生影响。

我们了解葡萄酒的这一特性后，就可以在外观、香气、口感等方面做出与酒龄是否一致的相对应的判断来。

《太平御览》所引《世本》是秦汉间人辑录古代帝王公卿谱系的书，中有"仪狄始作酒醪，变五味"之言。《战国策》则说："昔者，帝女令仪狄作酒而美，进之禹，禹饮而甘之。"汉朝许慎《说文解字》中也有

※不同年份的Gevrey Chambertin

"古者仪狄作酒醪，禹口尝之而为美"的记载。

所谓"变五味"者，指的正是酒具有五味之外的别样味道。我们总是用别种物品来替代酒的香和味，其实恰恰忽略了酒本就是一种独特的味道，是一种香气和滋味的独立的存在。

当打开的是一瓶新酒，我们可以遥望它未来的时光；当打开的是一瓶老酒，我们可以怀想那流逝的岁月。老酒的滋味，只令人感觉语言的无力。买几瓶自己喜欢的好酒藏起来，让它和自己一起慢慢成长，在生日或者其他纪念日打开来喝——好的酒、在好的日子、为了某个人而开，带来的感官享受激发出的是更深层的美感吧。

所以，葡萄酒的年份，应当是带有双重意义的，从葡萄收获的年份到开瓶时候的年份，是一段生命的历程。瓶里的酒带有酒标所标示那一年天地人的印记，应该在什么年份被打开，是一种智慧的选择，不该辜负了酿造者，一瓶好的葡萄酒既有赖于酒本身的品质，更有赖于饮者的品质。

 **整合性的层次**

一款完满的酒，除了以上所分析的分布性的层次，更具有整合性的等级结构。

二维：点、线、面

酸度具有穿透感，从葡萄酒入口即感觉出来，直到余味依然会在口腔里如线性般地存在。

甜度则具肥硕感，有宽度。

涩感有运动、摩擦、停滞，具面的向度，并且引发触感，就像康德所说人类的触觉不但有质料感，还能形成物体的形式感和存在形态的概念。

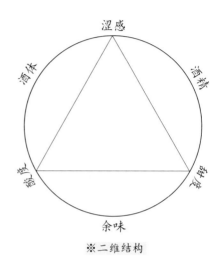

※二维结构

三维：立体感

酒精有左右对双颊的刺激，也有向下在舌面的留痕。酒体则既有重量感，又有厚薄度。余味更让酒有了时间性。这都给人立体的印象。

这是葡萄酒具空间与时间的形状及结构感觉的来源。

人类是通过感性机能来认识和把握世界的，而感性所提供的先验认识工具就是空间和时间。外在现象刺激感官，引起诸多的感性印象，由时、空两种主观的纯粹直观形式加以整理，正是如此形成了知觉经验。

※三维结构

葡萄酒的味感平衡

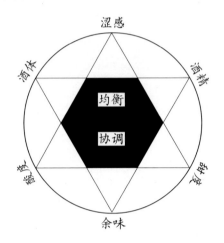

对白葡萄酒来说，由于几乎不含丹宁成分，它的味感的平衡主要是由酸度、甜度和酒精3方面构成，也因此白酒被认为是味感结构简单，涩感和酒体常遭忽略。正是因为味感结构相对简单，在酒体和涩感方面白酒需要更集中、更细腻的感观感受。

干白葡萄酒由于糖的含量很少，它的味觉和口感来自酒精和酸度的直接影响更大。酒精并不表现为酸的化学抵消剂，它具有复杂的味感，同时具有酒精的浓烈性和甜味两种相互对立的味感。在高酒精度时，酒精的苦性和热感明显取代其甜感，其燥辣感要比其圆润感强烈得多。

由于不含丹宁，干白葡萄酒比红葡萄酒忍耐酸度的能力要强得多，甜型白葡萄酒对酸的忍耐性更强。由于甜酸互相掩盖的特性，甜型酒要达到口感平衡需要更强的酸度，而且糖要具甜而寡味的特性，需由酒精的热感及浓烈感给与补充，所以甜白葡萄酒要含有相对应较高的酒精度和酸度才能达致口感和谐，否则甜味太高、其他味感不足很难感到平衡。

品尝甜白葡萄酒应该接近于咀嚼成熟酿酒葡萄的印象，在甜润感中去寻找酸度，酸的爽利可减弱甜的沉闷和甜腻感，而酒精能让口感变得刺激生动。

　　红葡萄酒因为富含丹宁成分，它的味感平衡主要是由酸度、甜度、涩感和酒精4方面构成。

　　在红葡萄酒中，酒精对酸度和涩感有衬托的效果，如果酒精度过低会突出酸度和粗糙感及苦涩感。酒精度越高其忍耐酸度的能力也越强，而酸度和涩感则有着相互举发的作用，低酸度的红酒才能忍耐高含量的涩感。

　　在酒精度相同的情况下，丹宁含量越低对酸度的忍耐度越强，在口感平衡中酸度需求也高；丹宁含量高则酸度需要降低，才能达致口感平衡，如果丹宁和酸度含量均高口感会粗硬而苦涩。而酸味和苦涩味是会相互叠加的。

※Musigny酒庄

　　无论对干白葡萄酒、甜白葡萄酒、红葡萄酒还是香槟，酒感（Alcohol）都是非常重要的口感和味觉因素，同样也是非常重要的质量因素，因为水和酒精才是所有这一切风味的载体，味觉、口感还有香气都是由酒精激发出来的。在西方品酒课题中，酒精往往是被忽略的，并没有单独列为口感的要素，而是和甜度一起划归为柔和性选项。

※Puligny Montrachet酒标

　　葡萄酒中的味觉及口感要素以分布性的单元结合成对立的束列，由点而线而面，包括厚薄度、重量感、温度感、酒精的刺激、余味的时间纬度，然后投射至一种隐含的垂直轴上去，口感的层次便建立起来了，从葡萄酒的色香味及冷暖厚重化约成一种时空的结构来。

　　当然，所谓酒的结构，很多时候仍然可能达到不是经由酒中的成分和感觉而是经由饮者的执意所产生的。

　　在理论上赋予这些彼此相关、相斥、杂乱无章的味道及口感元素以新的面向，使之从混乱中建立秩序和易于领会的联结方式，这一种口感分析的形式，超越了混沌，有助于系统化地描述酒款，建立比较的基础，使得葡萄酒更容易被理解，更容易被洞察，我们对酒的感知和领悟便变成直观的、可以自我把握的东西。

我们以一款酒为例，在口感图上它的味感刻痕如下：

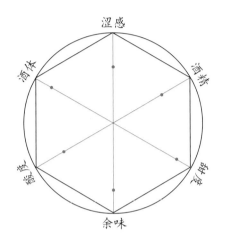

然后，把这6个味感点连接起来：

阴影部分就是这款酒的口感分布图，这款酒的味觉和口感要素便在此强的一端和彼弱的一端的中间地带形成引力场。

这款酒和一款有着良好结构、良好平衡的酒的口感差别在哪里？

我们将前面的味感平衡图重叠上去，就可以分析出这款酒的口感特点来。

由此，我们可以得出结论：这是一款年轻的酒，味感要素的分布有着较大的架构，如果继续陈年，各要素之间的相互关系随着消长、协调，具有向均衡、圆满提升的潜质。

※Latricières Chambertin

中国古有以味论艺之说，《诗品》言："辨于味而后可以言诗也。"而古希腊指称"哲人"的那个词，从语源学角度看可追溯到sapio，即"我辨味"，sapiens，即"辨味的人"，sisyphos，则是"有敏锐味觉的人"。在这两个民族看来，敏锐的感官品尝和辨别能力，是艺术和哲学鉴赏的基础。

苏轼引司空图论诗曰："梅止于酸，盐止于咸，饮食不可无盐梅，而其美常在咸酸之外。"葡萄酒亦然，"味外之旨"才更重要。

在分布性的层次上，葡萄酒的味感元素各有独立意义，彼此也形成张力，具向量关系，如果一款酒能够清晰地表现出它本身味觉元素、口感要素来，我们可以说这是一款具有架构、也具有表现力的好酒；而如果味觉和口感济泄相调、齐之以味，那么这会是一款平衡、协调的佳酿。但是，唯有这些元素、要素往上提升，带给我们更多的感受性，并且在提升中由最初的独立形式，显现为一种具依存关系、包容而结合的形式，它才算得是一款优秀的酒。

※Clos des Papes Rouge

就好像我们认识事物、认识世界一样，从生命的层次往人格的层次提升，生命才具有意义。而葡萄酒也确实能够表现出这种提升的动力式构造来，由水平而向垂直的上一层等级提升，即由流动、混合邻接的异质的味觉和口感诸成分，予以调节和整合，前后接笋，开合正变，相容而无矛盾，表现出活力和能量的乘承转换来，从年轻时的粗旷、激烈而至陈年后的轻柔、舒润。此正符合康德认识论中关于鉴赏判断的4个基本规定：量、质、关系、模态。

味觉、口感元素之相关关系以及品质表现

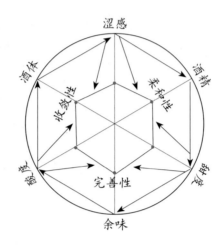

酸度、酒精、红酒中的丹宁以及白酒中的矿物质都能够带来涩感，表现出收敛性来，特别是年轻时候，而随着陈年甜度或者能柔化之。

由糖、酒精、甘油等引起的甜味，可带来舒适、圆润、和谐的感觉，表现为口感的柔和性，可用柔软（soft）、柔和、柔顺来形容。干型酒即使含糖量很少，但是由其他物质带来的甜感只要能够和酸、丹宁达成平衡，也会具有圆润感，表现出柔和性来。

从另一种概念来说，葡萄酒只是一款含有酒精的饮料。如果单纯品尝甜、酸、咸、苦4种基本味觉的溶液，只有甜味的那杯才令人感觉舒适，才是我们喜欢的味道，此为天性。因为从自然界获取食物的时候，甜味代表着水果的成熟、代表着食物的可口、代表着生存获得的热量，所以我们喜欢那些柔和、圆润和甜的食物。

其他味感代表着其他的营养成分，混合之后被甜味减弱能够增加味觉的厚度，而且单独的甜味很腻，咸能消除糖的无滋味感，酸和苦味可增加甜的综合味感。

食物和饮料都经口进入我们的身体，除了营养和味道的舒适，口感也很重要，相比粗糙，当然柔滑、细腻更让人舒适。人类的5种外在感观各有功能，也各有特殊的对象来让其达至满足，满足之后就会产生愉快，巧言令色满足视听，香味满足嗅觉，甘甜使味觉愉快，光滑柔和使触觉愉悦。中国人饮茶口感要有厚度，然后顺滑，有回甘，这才是一款好茶。葡萄酒亦然，滋味要丰富，入口要柔滑，有回甘，这才是一款好酒。

所以单独品尝日常餐酒的话，更多人喜欢带有甜的口感、丰满、圆润的酒，酸味突出的酒则需要餐饮搭配加以平衡。

对陈年佳酿而言，年轻时候味道丰富，甜味不突出，但是即使多干的酒，随着陈年酸味、丹宁都会较弱，

※Château Ausone

最后、也是最佳的口感同样会达致柔滑和回甘。

这一点，无论红葡萄酒还是白葡萄酒、香槟，或是茶，甚至其他的食品和饮料都适用，也就是最佳的口感追求都是从收敛向柔滑回甘转化，达到口感的完善。

这也符合人类认识世界的思维程序，从简单入手，更喜欢复杂，然后从复杂中感受简单。

对一款好酒来说，各味觉及口感元素的品质表现力也非常重要，酒体的圆满、风味的充实、质感的精细都具有决定的意义。

葡萄酒口感结构图

结是连接，构是构造，葡萄酒的味觉和口感元素的相互作用、相互关系组成束列、构成结点，连接出葡萄酒的口感结构来。

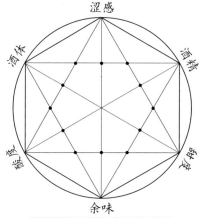

※味觉、口感元素相互作用

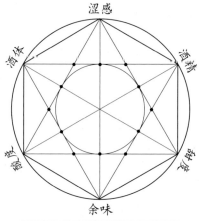

※味觉、口感各要素组成束列

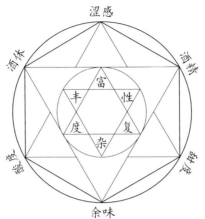

※葡萄酒的口感结构

葡萄酒三分法

种类三分

葡萄酒种类繁多，也有很多分类方式，其中按照二氧化碳含量和加工工艺可简单地将葡萄酒分为：静态葡萄酒、起泡葡萄酒和特种葡萄酒。这已经可以涵盖所有种类的葡萄酒了。

颜色三分

葡萄酒的颜色可分为红色系、白色系、粉红色系，这也包含了所有葡萄酒的颜色。

品酒步骤三分

如何品酒？简单来说是从三个方面开始——酒里有什么、来自哪里、在感官上如何表现，即是感觉、描述、判断。

※Corton-Charlemagne

☞色：外观三分

颜色描述：深、中度、浅。

外观判断重要的是：品种、产地、酒龄是否一致。

☞香：香气三分

香气描述：浓、中度、淡。

香气判断重要的是：干净与否、特征表现、有无变化。

☞味：品味三分

口感的浓、中度、淡。

味道的厚、中度、薄。

质感的粗糙、中度、精细，以及口感结构六大要素的强、中度、弱。

※Chapelle Chambertin

☞格：判断三分

品质判断重要的是：质量、风格以及状态。

葡萄酒的等级三分

葡萄酒的等级分为：低价位的普通餐酒；中价位的能够反映产区和品种特性的酒；高价位的酒庄代表作，是近乎艺术品、具品鉴、收藏、投资价值的酒。

※Richebourg

🍷 品酒笔记

酒名：The Bean Coffee Pinotage	年份：2009
葡萄品种：皮诺塔吉	酒精度：14%
生产者：Mooiplaas	产地：南非

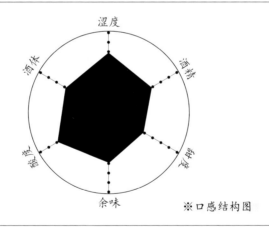

※口感结构图

色：紫红色。

香：香气冲鼻，刺激感强；黑色水果、咖啡的香。

味：酸强于甜，丹宁柔和、粗糙，口感稍欠平衡。

格：简单易饮的日常餐酒。

等级：C⁺ B⁺ AAA⁺

酒名：Bourgogne Chardonnay	年份：2009
葡萄品种：霞多丽	酒精度：13%
生产者：Domaine Joël REMY	产地：法国勃艮地

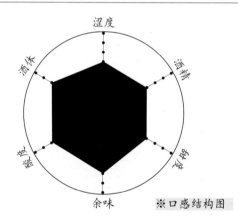

※口感结构图

色：淡黄色。

香：香气柔和，水果风味。

味：甜酸适中，口感明晰。

格：简单易饮，配餐之作。

等级：C B AAA

酒名：J.J.P Wehlener Sonnenuhr Auslese　　　　年份：2007

葡萄品种：雷司令　　　　　　　　　　　　　酒精度：14%

生产者：Joh. Jos. Prüm　　　　　　　　　　产地：德国莫塞尔

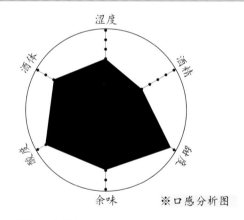

※口感分析图

色：泛金光。

香：香气馥郁，具热带水果、柑橘之属风味。

味：酸甜强烈、平衡，口感丰满，余味悠长。

格：典型风味，柔软甜腻。

等级：C⁺ B⁺ **A**A⁺

酒名：KRUG Grande Cuvée Brut Champagne	年份：NV
葡萄品种：霞多丽、黑皮诺、莫尼耶皮诺	酒精度：12%
生产者：KRUG	产地：法国香槟

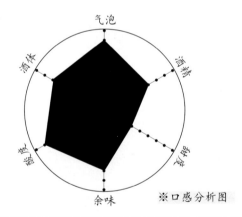

※口感分析图

色：淡黄色泽，气泡细腻持久。

香：花香、草莓、水果、烤面包等。

味：气泡膨发，口感强烈，清新凛冽。

格：四平八稳，延续着冷峻的风格。

等级：C⁺ B⁺ AAA⁺

第四章　品评篇

※Château Gruaud-Larose

第一节　何谓好酒

前文讲到葡萄酒的味觉和口感元素有酸、甜、苦、咸、鲜、金属味以及涩、辣、触等，但是要素只是6项，一款酒如果出现6大要素之外的其他元素，我们可以在对酒的口感描述中指出来，是好、是坏，是加分、还是扣分，都可归在相应的选项下。

葡萄酒的6大要素构成一款酒的口感结构，每一要素的质量各有强度和品质的表现标准。

对于一款葡萄酒来说，如果表现出它的类别应该有的外观特征，展现出纯净、愉悦的香气，滋味的量感、质感、要素与结构也都能够清晰地让我们感受到，在分布性的口感层次上展现出了良好的平衡，那么，我们就可以说这是一款在内含物和感官上都表现良好的酒。

※Screaming Eagle

※Clos de Tart葡萄园

　　人的认识和判断活动大约是这样："给定对象借助于感官促使想象力把杂多连接起来,想象力再促使知性去统一杂多而成为概念。"首先当然是对象刺激了感官,感官所接收到的是杂多的感性材料,是不成片断的零散印象,这就要想象力去把它连接起来,构成一个完整的知觉形象。这还不算结束,因为这种知觉形象还没有对主体显示出是何物,有何性质,这又要知性以其提供的概念去统一知觉,最后形成关于对象的知识。

　　品酒即是从色、香、味、格几个方面,对酒所给出的杂多的感性材料通过想象力构成一个完整的知觉形象,并对酒的品质和风格作出判断的过程,这是一个审美判断。所谓好酒即是能引起我们品味、体会、寻思,产生感受、激发情感、启迪思维的酒,不是能把你灌醉,而是能让你心醉的酒。

鉴赏的观念：酒评家存在的理由

　　葡萄酒的品评其实是分为两步的,第一步是理化鉴定,第二步才是感官鉴定。

理化鉴定由专门的技术部门，根据国际标准及各国相关部门制定颁布的标准、法则，利用科学仪器、设备和化学、物理技术，进行物理指标、化学指标、卫生指标的检测，以确定酒中成分是否合格、有无有害物质等。经过检验符合卫生标准、对健康无碍的产品才能够进入市场，出现在消费者的餐桌上。

※Château La Fleur-Pétrus

通过理化检验的酒只表示安全，标示是能喝的酒，好不好喝却是另外一回事，理化检验对酒中的成分把关，对口味和品尝上的品质表现却无能为力，这就需要第二步即感官检验。

感官检验既结合科学检验又结合感官判断，对葡萄酒的鉴赏品评更科学、更客观，也更准确。北齐刘昼说："赏者，所以辨情也；评者，所以绳理也。"

在欧洲，鉴赏概念起源于文艺复兴以后的西班牙。"鉴赏"一词，在西方各国的语言里，原来都是口味、滋味、味觉的意思，这和中国之以"味"论"艺"一样，皆由味觉引申。

那么，什么是鉴赏判断呢？康德总结出一个简单到不能再简单的定义："鉴赏乃是判断美的一种能力。"鉴赏即审美，鉴赏判断即审美判断。

※采摘葡萄

　　康德认为鉴赏不是规则、法律，它是法官，它有权对对象作出评判，所以它的活动即称判断，其根据就是普遍的社会审美观念。正如卢梭在其教育小说《爱弥儿》里给鉴赏下的定义一样："鉴赏力仅仅是判断某物是否使大多数人喜欢的能力。"

　　"鉴赏"之所以能够"判断"，是因为有社会存在，有他人存在。人在社会环境里，衣食住行都不得不与别人比较，这是康德所提出的"比较的感觉"。无比较的个体感受永远是单纯生物性的，无所谓判断。只有通过"比较"，个人的趣味同他人、和社会比较一番，才能改善自己的鉴赏力，这就能使感觉超越于单纯官能感受之上，藉此由普通感官感受达至高级的趣味判断。

　　康德把鉴赏分成两种，一种是感官的鉴赏，一种是反思性的鉴赏。前者即私人的判断，是个人的直接的感性反应，由外物的刺激引起，没有普遍性和必然性，不能要求别人赞同，仅是个人的经验。

反思性的鉴赏则是基于先验规则，它有必然性，对每个人都普遍有效，不单纯是感性的，其中有理性在发挥作用。康德说："反思性的鉴赏就是作为普遍选择的审美判断力。"即"反思性的鉴赏"是对外在对象作出社会性的评价的能力。

所谓普遍选择，就是按一般的、普遍有效的、人人都可能赞同的标准，在审美领域内认定某种令人满意的东西，指明哪些是美的，哪些是崇高的。

把鉴赏定义为"普遍选择能力"和"社会性的评价能力"，就蕴含着它的基本特性——普遍性和必然性。"反思性的鉴赏在于把自己的快感和不快感传达给别人，并含有通过这种传达与别人一道体验愉快和感受喜悦的能力。"要把自己的快感和不快感传达给别人，就要求别人也有同样的感受能力和感受方式，而这决不能建立在个人的感觉上，只有建立在普遍的法则上，才能保证快感的普遍可传达性。

这就是人类的共通感。亦即是在葡萄酒的领域中酒评家能够存在的理由。

很多时候，酒评都是描述性的东西，关于颜色、香气、味道和口感，给出的都是酒的信息，包括葡萄品种、产地、酿造方式、酒庄的故事等。描述性的酒评所传达的意义只不过是一瓶酒被打开了而已，除了描述出

※酒庄门口

来的东西外没有任何意义，酒评家也会作出酒是好是坏的评判，看似客观，但只是个人的独断，亦即个人的感官的鉴赏。

酒已经被酿造，被装瓶，被打开了，那么，酒中的成分、如何被酿造、香气、味道和口感，这些大家都知道的东西还有什么可说的呢？那是庄主和酿酒师做的事情。酒评家应该重新构造的不是一瓶酒的信息，而是应该如何品尝的系统，即形式和结构，酒评家要将个人的审美趣味向社会化转变，将单纯的陈述提高到一种能够表现出知觉秩序、能够让人们作出鉴赏判断、将个人的专断转向公众的观点、并且达至普遍可传达性的体系。

葡萄酒在装瓶之后，会独自发展，会超越酿酒师，多年以后即便是酿酒师自己也不能很好地理解他酿出的酒，这是好酒的品质。如果若干年后，酒不能使它的酿酒师本人都感到惊异，那绝不是一款好酒。

酒带来的信息固然重要，这是酒中的存在项，但是发生项，即酒在饮者的杯中、口中彰显的东西更值得关注。酒在杯中应该自有其神圣不可侵犯的东西在，唯有饮者才有发言权，当然这除了有赖于酒本身的品质，也有赖于饮者的品质。

※Parent Corton

面对一物，有的人能进入审美状态，得到美感，另一些人则不能。原因何在呢？康德认为这是人的素质使然。就审美而言，其素质就是人对外物的审美感受力，即分辨和体验各种美与崇高事物的细腻的思想感情，或敏感程度。

所以，如何品尝是需要学习的，审美能力亦然，是需要范例的。这种范例即是在文化的发展过程中最长久地被鉴赏的东西，人们可以按照这种范例来磨练自己的鉴赏力。这就是典范的作用。

葡萄酒评分体系

对于葡萄酒的评分应该基于这样一个观点：认为人类的感官不足以分辨1%的微小差别。因此很多欧美葡萄酒学院和酒评家一般采用10分制、20分制、25分制。

当然，葡萄酒世界最有影响力的评分体系是罗伯特·帕克（Robert Parker）的100分制，一些知名的葡萄酒杂志也同样采用这套评分体系。

帕克百分制

帕克百分制评分标准

项目	分数	评分标准
外观	占5分	
果香和酒香	占15分	根据强度和纯净程度来评分
味道和余味	占20分	考虑的因素包括风味、平衡、纯净度，以及味觉的深度和长度，根据强度来评分
整体表现和陈年潜力	占10分	

最后，前4项总分再加上50分的基准分就是一款葡萄酒的得分。

帕克百分制等级

分数	等级
96～100分	Extraordinary，非凡品质的葡萄酒，拥有卓越的复杂度和深刻性，具有一款经典葡萄酒应该具有的所有属性
90～95分	Outstanding，杰出品质的葡萄酒，拥有特殊的复杂度和优秀的品格，非常好
80～89分	Above average，优良品质的葡萄酒，体现出纯正的风味，没有明显缺陷
70～79分	Average，一般水准，简单健康的葡萄酒
60～69分	Below average，水准以下，有明显缺陷的葡萄酒
50～59分	Unacceptable，次品，不可接受

　　帕克的百分制，从色、香、味、格4个方面为葡萄酒打分，但是，却没有列出更详细的选项来。一般来说，我们真的分辨不出百分之一的味觉差异，但是，如果真的假设一款酒有100分的可能的话，它的色香味格总有一些细微的因素能够让我们有迹可寻，那么，该从哪些方面去评判呢？

　　我认为，一个人从一瓶酒中获得了快乐，而且喜欢它，那么他就具有对这瓶酒的价值的情感体验。

※Loui Latour葡萄园

第二节 葡萄酒的品质判断

※Emily葡萄园

色：外观评判

一款酒具有漂亮的颜色、清澈的酒液，这只是描绘性的，我们要考虑的是它的瑕疵或者会出现错误的地方。

由于酿酒技术的进步以及对发酵原理的深入研究，现今已经很少会出现酿造错误的葡萄酒（当然总有例外，因社会风气和体制使然，也与葡萄酒专家的品质有关），颜色在质量评鉴中没有以前那么重要。但是，因为不同品种会有品种特征的颜色，眼睛也是容易造成误导的器官，这些因素都会对判断产生影响，因此在葡萄酒的品鉴中还是需要特别留意葡萄酒的观。

所以，对一款酒的外观阐述是分2个部分，一部分是描述性的，一部分是判断性的。

一款酒的外观判断主要表现在3个方面：

1. 澄清度和光泽度。

2. 流动性（静态葡萄酒）或呈泡性（香槟和气泡酒）。

3. 整体表现之正确与否：品种、产地、类型、酒龄。

Observations 观察				Interpretation 阐述
色 Eyes Color颜色：	Rim边缘：	Core中心：	Depth深度：	
Limpidity澄清度清澈浑浊 和 Brightness光泽度之明亮暗哑				
Fluidity流动性之黏稠流畅 或 Bubbles呈泡性之大小多寡				
Entirety整体表现之正确与否：品种、产地、类型、酒龄				

香：香气评判

葡萄酒有着多种多样的香气，我们可以罗列出一大串的香气名词来，这同样是描述性的，分辨香气"是什么"，会增加品酒时的成就感和乐趣，但是，分辨香气"怎么样"却更重要。香气的属性才能体现出一款酒的品质来。

气味物质的分类法被公认的只是香、臭两类分类法，即好闻的曰香，不好闻的曰臭。

这没什么奇怪，以演化观点言之，准确判断出气味在日常生活中并不重要，重要的是分辨危险及有伤害性的气味。我们对气味的感受，主要目的是传递正向或负向信号，至于究竟闻到什么物质则是次要议题。

嗅觉的动物性，既是一种警告器官，也是一种享乐器官，与脑中掌管情绪、性欲和驱动力以及负责记忆的边缘系统相联。基本上嗅觉可引起两种反应：智慧性及情绪性的行为。由于右脑受嗅觉影响很大，所以气味较能引起情绪性的行为。嗅觉更是具有记忆力的，闻过的气味我们会记得。而且嗅觉神经细胞有自发性的神经脉冲，即使在一个完全无气味的环境中，还是会传送信息给脑部，因此，某人说自己闻到一种实际上不存在的味道也是可能的，特别是给予暗示时，更容易发生这种情况，正如卢梭所说："嗅觉是记忆和欲望的感官"，经由气味浮现出来的记忆影像常有情感的成分在其中。

※波尔多型酒杯

※勃亘地型酒杯

　　审美活动离不开感性，感性包括对客体外部形式的直观和主体自身的情感体验。审美活动将事物表象与主体情感融合在一起，人的感性直观采自对象的外部形式，并伴随相应的情绪体验，保持了感性能力的完整性运用。激发情感的能力，这正是嗅觉器官的特质。

　　嗅觉喜欢的气味，一是引起精神兴奋的物质气味，二是引起食欲的营养丰富的物质气味，三是生理改变后人体需要补充的物质气味，四是性感气味。嗅觉厌恶的气味是有毒物质的气味。

　　花香、薄荷香、荷叶等的清香有醒神作用，这类气味被鼻液捕捉到后直接由嗅神经感受传导给嗅感中枢嗅球，非精神刺激性气味则要先与鼻液的蛋白发生化学变化，化学反应的化学信号刺激嗅神经，引起两种感受：好闻与不好闻。好闻的气味是对人体有益的营养物质产生的，不好闻的气味是对人体有害的物质产生的，它对鼻液的蛋白有破坏作用。

※Nicolas Catena Zapata

　　科学发展至今，嗅觉机理对于人类的作用机制仍然是一个难解之谜。对于人类，气味可分为以下6种类型。

精神兴奋型：花香、薄荷、荷叶、樟树、艾蒿等植物的香味。

食欲型：肉香、水果香、脂肪酸、焦糖、维生素、乳香等的香味。

性欲型：青春期胴体及腋下的气味、麝香等。

食物毒性型：恶臭味、腥膻味、强酸强碱的刺激味。

吸入毒性型：氨味、氯味等呛人的气味。

神经麻痹型：如硫化氢、乙醚、氮氧化物等。

对动物而言，还有一种产生于猛兽的恐惧型气味。

捷里聂克香气分类法

捷里聂克（P.Jellinek）在他的《现代日用调香术》一书中，根据人们对气息效应的心理反应将香气归纳为：动情性效应的香气、麻醉性效应的香气、抗动情性效应的香气和兴奋性效应的香气4大类。

动情性效应的香气：包括动物香、脂蜡香、汗泽气、酸败气、奶酪气、腐败气、尿样气、粉便气、氨气等，总体概括起来用碱气（alkaline）、呆钝（blunt）来描述。

麻醉性效应的香气：包括玫瑰香、紫罗兰香、紫丁香等各种花香和膏香，总体概括用甜气（sweet）、圆润（mellow）来描述。

抗动情性效应的香气：包括薄荷香、樟脑香、树脂香、青香、清淡气等，总体可用酸气（acidic）、尖锐（sharp）来描述。

兴奋性效应的香气：包括除了香花以外的植物性香料（如籽、叶、茎、干、根等的），有辛香、木香、草香、苔香、焦香等，总体可用苦气（bitter）、坚实（firm）来描述。

如下的捷里聂克香气分类图可供我们了解香气的属性：

※捷里聂克香气分类法

从上表中，我们可以得到这样的结论：

在酸气和苦气之间的是新鲜性的气息；

在苦气和碱气之间的是提扬性的气息；

在碱气和甜气之间的是闷热性的气息；

在甜气和酸气之间的是镇静性的气息。

葡萄酒香气判断

构成一款葡萄酒的香气物质含量虽少，种类却极多，而香气在葡萄酒的品鉴中也具有特殊的重要性。葡萄酒的香气取决于葡萄品种、产地以及酿造技术和瓶贮过程。香气使葡萄酒具有个性，更是葡萄酒风格的一个重要指标。

在香气的品评中，要分几部分描述出一款酒的香气来，首先是酒倒进杯中不摇杯的第一印象的香气，这时候的香气是扩散性最强的香气，也常常带有瑕疵的气味。然后是摇杯后的香气，分2个步骤：首先边摇杯便闻香，这会促使挥发性弱的物质释放出来；然后就是摇杯之后等酒液静止的时候再闻香，因为摇杯动作让杯壁接触酒液从而扩大了挥发面积，此刻的香气最浓郁，是一款葡萄酒主要的、最具特征性的香气。最

※Échezeaux

后，当我们喝下或者吐出酒液之后，要留意空杯里的香气，此时杯子里挥发面积最大，不易挥发的底层物质的香气也都会散发出来。常常是空杯的香更让人沉醉！

当然也要记录下品评过程中是否有一些次要的、非必需的香气和有无瑕疵的香气。

葡萄酒的香气具有多样性、多变性、优雅性和来源的复杂性等重要特征。而且葡萄酒的香气会发展、会变化，酿造完成时的香气、橡木桶陈酿之后的香气、装瓶后的香气、陈年的香气可以完全不一样，有些会消失、有些会融合、有些会派生出别的香气，而且可能某一时段是瑕疵的香气，随着时间也会消失、变化，转化成怡人的香气。

葡萄酒香气判断是根据香气的属性和表现出的品质去做判断，首先是浓郁度和纯净度，之后判断品种特征、产地风格以及生产工艺、酒龄是否得到很好的体现，最后对香气作整体判断：香气的强度、丰富性、协调性、适意性以及静止、摇杯、空杯各时段香气的变化和持续性。

葡萄酒的香气判断在如下方面：

纯净度：雅正、干净，邪杂、差劣。

浓郁度：简单、丰富、纤弱、强烈。

刺激性：刺鼻、刺激、温和、柔和。

愉悦性：丰富、协调、愉悦、适意。

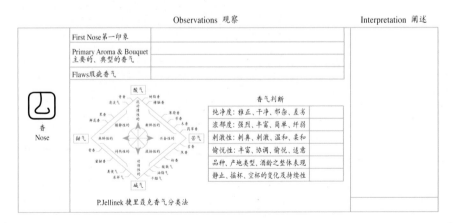

P.Jellinek 捷里聂克香气分类法

味：口感评判

虽说复杂而又多变的香气是葡萄酒鉴赏中最富乐趣的一个方面，但是品质的判断最重要的还是口感的鉴别，因此口感分析更是重要。

为了正确、客观地分析葡萄酒的口感，我们需要养成正确的、规范的品尝方式。

当我们拿起杯子准备入口之前，首先要摇动一下杯子再入口，因为如果一款酒在杯中静止久了，表面的香气物质一直在氧化、挥发，会带来口味的偏差，摇动一下杯子让表面和底层的酒液混合可减小偏差。

吸入的酒量不能过多，但也不宜过少，过多的话口腔空间有限做不了低头吸气、搅动酒液的动作；过少（这是最常犯的错误）则酒里面的物质要么达不到我们的感觉阈值使得很多滋味品尝不出来，要么就是某一种味道过于突出而破坏平衡。

※香槟杯

酒液入口之后，首先用舌头做上下的动作称量酒体的重量、感觉酒体的厚度，同时去体察甜度、酸度，之后让酒液撞击两腮，用双颊去感觉酒精，然后稍低头，轻轻向口中吸气，和酒液混合，利用舌头和双颊鼓动让酒液和口腔作最大面积的接触，稍微抬头吸气，并让口腔内的气体从鼻腔释出，感觉此时的香气。

要全面、深刻地分析一款葡萄酒的口感，酒液一定要在口腔保持至少12秒的时间。这是由我们感官的一些特性决定的，味蕾感受酸甜苦咸的反应时间是不一样的，有时间差。而且，我们口腔受到酒液刺激会分泌唾液，和酒液混合后会发生反应激发出更多的滋味来。

酒液即使吐出最好也还是留少量咽下喉咙，然后，继续留意口腔甜、酸是否继续存在，或是从哪一秒开始消退了，苦味有没有出现，舌面有没有余味，触觉如何，喉咙有没有回味出现，将口腔的空气从鼻腔释出，留意香气，用舌头去碰触牙齿、上颚，寻找余味、并感受上颚和舌面的摩擦，然后记下余味的时间和面积。

当然，有时候为了让我们的口腔适应或者进入品酒状态，是可以先喝一小口的，但是做详细的品鉴则一定要喝大口并遵循12秒原则的。

而且更需要第1口、第2口，甚至第3口的连续品尝，第1口让葡萄酒自由地呈现它所有的元素，然后提炼出它的味觉和口感要素出来；第2口则根据第1口所得的印象去验证并组织酒体结构，感受和发掘口感层次，留心和体会各方面品质的表现。先去感受优点，再去留意缺陷。

葡萄酒的口感分析要留意的是各味觉以及口感元素，而最重要的是组成口感结构的6大要素，即酸度、甜度、酒精、涩度、酒体、余味。

※Chambertin Clos de Bèze

※口感结构图

葡萄酒的口感判断主要在于味觉元素和口感元素之如下方面的表现：

酒体之质感：粗糙、沙质、细致、细腻、精细。

风味之强度：强烈、阳刚、集中、生动、柔美。

品种、产地、类型、酒龄于味道及口感之体现。

酸度、酒体、涩度之关系：收敛性。

涩度、酒精、甜度之关系：柔和性。

甜度、余味、酸度之关系：完善性。

味感之均衡：结构感。

酒质之表现：层次感。

风味之充实：复杂度。

		Observations 观察	Interpretation 阐述
味 Mouth		均衡 Balance  口感结构图	
口 感 表 现	味道之均衡：结构感		酸度、酒体、涩度之关系：收敛性
	酒质之表现：层次感		涩度、酒精、甜度之关系：柔和性
	口感之充实：复杂度		甜度、余味、酸度之关系：完善性
	酒体之质感：粗糙、沙质、细致、细腻、精细		
	风味之强度：强烈、阳刚、集中、生动、柔美		
	品种、产地、类型、酒龄于味道及口感之体现		

格：葡萄酒的整体评判

🍷 整体评判标准

　　葡萄酒的整体评判包含以下几个方面：首先是一款酒的色、香、味是否完整、圆满地体现出来；然后风格如何，有没有典型特征，品质表现如何，是否让人愉悦，能否激起我们的情感律动；最后，喜欢与否。

　　一款好酒是色、香、味的统一，需体现出良好的风格和品质，并且愉悦于感官，能激发情感，且是我们喜欢的，那么就可以说这是一款具有优秀品质的葡萄酒。

格 Comment	整体的表现力	Evaluate整体评价			
		风格的呈现：特征		激发情感的能力	
		品质的表现：质量		喜 欢 与 否	
		色香味的完整性：圆满度			

🍷 喜欢与情感

　　常常遇到一些朋友问：一瓶葡萄酒如何才能够被称为好酒？自己喜欢的酒就是好酒么？那又该如何判断不喜欢的酒呢？很多时候真不知道从何说起。

　　固然，如今是一个讲究尊重个人品味的年代，绝不要放弃这个权利，不过要明白的是，个人的好恶是一种主观评断，而身外之物的好坏有其独立存在的客观标准。喜欢与不喜欢，常常是我们遇人触物第一时间的情绪反应，可以说是我们的堡垒，在里面很安全，但是如果能够跳出来，外面可以是更广阔的天地。

　　何为好酒？首先外观正确、香气馥郁、味道均衡、回味愉悦，再上层楼的话则香气要有阶段性的变化，口感复杂并富层次，余味绵长，而且重要的是在香气和口感之间存在着某种良好而又自然的和谐。好酒的关键词是：和谐、均衡、统一、愉悦。

※Te Mata

※品酒（插图作者：吴红勤）

现象学美学流派之奠基者莫里茨·盖格尔在其《艺术的意味》一书中写到："快乐和喜欢意味着某种内在的接受的态度，意味着赞许。"按照这一说法，在品酒时，说喜欢意味着赞许，意味着接受的态度，也就是说我们领会了这瓶酒的肯定性价值；而"喜欢"具有直接的矛盾对立面，即"不喜欢"，因为每一种赞许都包含着不赞许的可能性，说不喜欢的时候则意味着我们领会了这瓶酒的否定性价值，也就是不赞许。

所以，在葡萄酒的品鉴中，"喜欢"其实分3个阶段。当你初入门，面对那么多不同品种、不同产区、不同等级的葡萄酒，不知道该如何选择，这时候什么样的酒才是好酒？当然是你喜欢的才是好酒。然后，中级

阶段，当你试过各式各样不同的葡萄酒之后，你发现原来好酒也是有一个标准的，香气、口感等达到某一标准才叫做好酒。最后一个阶段，什么样的酒才是好酒？还是你喜欢的酒才是好酒。这时候的"喜欢"是你已经掌握了好酒的标准，喝的每一瓶酒都会按照这个标准去做出要求和选择。也就是说，初级阶段的"喜欢"只是主观性的，最后阶段的"喜欢"则有了客观性。

今天我们面对的葡萄酒世界比历史上任何时代都繁多复杂，葡萄品种、产地、酿造技术等不但更深入而且更广泛，在科学的帮助、修正和更新的发明尝试下，又增添了更多新的风味。我们面临的问题是既要判断哪些是质量上的好酒、哪些是风味上的好酒，还要判断哪些是仅就技术层面而言的好酒，哪些是真正用心酿造出来的带有自然印记的佳酿。重要的是观念和态度，之后才是知识和经验。价钱和等级？则是另一个话题了。

我们对外部世界的全部理解，都是从视觉、听觉、触觉、味觉等方面产生出来的，任何一个涉及外部世界的论断，最终都能够要么直接、要么间接地通过感知而得到证实。感知是沟通我们和外部世界的大门。对于审美的世界来说，与感知的功能相应的是由快乐来执行的，即是每一个关于审美价值的论断，都必须得到一个使人们获得快乐的事实的证明。

康德在其《判断力批判》中，把人类心灵的机能归结为3种：认识能力、愉快和不快的情感以及欲求能力。

Taste，品味，指作鉴赏，即通过愉悦的感受性以愉快或者不快的情感作判断的能力。简单来说，所谓鉴赏判断，就是主体从审美角度表达对对象的情感反应的活动。

"与其说愉快或烦恼的不同感受取决于激起这些感受的外在事物的性质，还不如说取决于每个人所固有的，能够被激发为愉快或不愉快的情感。"在康德看来，"情感"是人所固有的能力，是人的素质的一部分，它不同于人受外物刺激所产生的被动性的心理情绪。

感性体验主要是人的情感律动，人的本性中本就具有情感意识。情感表现了对事物的一种较为朦胧的评价，一般有然（肯定）、否（否定）两种基本形式，它既有生物性的一面，又有社会性的一面，渗透文化观念。

对具体事物进行评价就是一种价值评价，在评价中必有情感体验，价值的利（善）、害（恶）之分正好对应于情感的爱、恶两端。在18世纪，人们就发现"情感"是除了理智和意志之外的又一种独立的心理力量。意志和求知都是直接针对外部世界的：人们通过知识领会世界、通过意志改造世界。但是，情感却处于内在的心理领域之中；虽然它也针对客观对象作出反应，但是，它却根本不领会客观对象。康德既是第一个把美学建立在情感基础上的人，也是把情感一般地引入到哲学中来的第一人。

※Château de Beaucastel　　※Boekenhoutskloof

审美是以情感为主的活动，它从情感出发，最后又复归于情感。作为出发点的情感，是主体处于审美状态的心情，它为构造审美表象、接受审美信息准备了条件。审美活动的结果，又是主体情感的愉快或不愉快，是外物反射回来的主体感受。审美判断即情感判断。

人类感官结构有共同性，孟子言："口之于味也，有同耆焉；耳之于声也，有同听焉；目之于色也，有同美焉，至于心，独无所同然乎？心之所同然者何也？谓理也，义也。"

审美判断必须有一个主观原则，此主观原则只因着情感而不经由概念来决定什么令人愉悦，什么令人不愉悦。这样一个原则被视为"共感"。唯有在这样一种共感的前提条件下，才能作出鉴赏判断。

以快乐为出发点的美学，都会通过研究审美价值来展现自己的研究。如果一个人从一瓶酒中获得了快乐，而且喜欢它，那么，他就具有对这瓶酒的价值的情感体验。

※Wolf Blass Black Label

第三节 葡萄酒百分制

※盲品杯

　　葡萄酒的品质判断分色、香、味、格4个大项、24个子项，4大选项的分数为10分、30分、45分、15分。

　　基于现今很少出现酿造错误的葡萄酒，能够在市场上流通并值得品尝的葡萄酒质量总会达到一定的水准，所以评分采取扣分制，设定24个扣分选项，不同的选项各有底限分，以1分为扣分基数。

葡萄酒入门

品酒笔记

Name of Wine 酒　名：	Date 品尝日期：
Grape Varieties 葡萄品种：	Price 价　格：

色 Eyes

Observations 观察　　　　　　　　　　　　　　　　　　Interpretation 阐述

Color 颜色：	Rim 边缘：	Core 中心：	Depth 深度：

Limpidity 澄清度之清澈浑浊　和　Brightness 光泽度之明亮暗哑	● ○ ○
	-3 -2 -1
Fluidity 流动性之黏稠流畅　或　Bubbles 呈泡性之大小多寡	● ○ ○
	-3 -2 -1
Entirety 整体表现之正确与否：品种、产地、类型、酒龄	○ ○ ○ ○
	-4 -3 -2 -1

10 Points 扣分：

香 Nose

First Nose 第一印象	
Primary Aroma & Bouquet 主要的、典型的香气	
Flaws 瑕疵香气	

P.Jellinek 捷里聂克香气分类法

香气判断

纯净度：雅正、干净、邪杂、差劣	● ● ○ ○ ○	5 4 -3 -2 -1
浓郁度：强烈、丰富、简单、纤弱	● ● ○ ○ ○	5 4 -3 -2 -1
刺激性：刺鼻、刺激、温和、柔和	● ● ○ ○ ○	5 4 -3 -2 -1
愉悦性：丰富、协调、愉悦、适意	● ● ○ ○ ○	5 4 -3 -2 -1
品种、产地类型、酒龄之整体表现Ⓑ	● ● ○ ○ ○	5 4 -3 -2 -1
静止、摇杯、空杯的变化及持续性Ⓑ	● ● ○ ○ ○	5 4 -3 -2 -1

30 Points 扣分：

味 Mouth

均衡
Balance

味道之均衡：结构感	● ● ○ ○ ○
	5 4 -3 -2 -1
酒质之表现：层次感	● ● ○ ○ ○
	5 4 -3 -2 -1
口感之充实：复杂度Ⓐ	● ● ○ ○ ○
	5 -4 -3 -2 -1

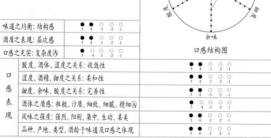

口感结构图

口感表现	酸度、酒体、温度之关系：收敛性	● ● ○ ○ ○
		5 4 -3 -2 -1
	温度、酒精、甜度之关系：柔和性	● ● ○ ○ ○
		5 4 -3 -2 -1
	甜度、余味、酸度之关系：完善性	● ● ○ ○ ○
		5 4 -3 -2 -1
	酒体之质感：粗糙、沙质、细致、细腻、精细Ⓐ	● ○ ○ ○ ○
		5 -4 -3 -2 -1
	风味之强度：强烈、阳刚、集中、生动、柔美	● ● ○ ○ ○
		5 4 -3 -2 -1
	品种、产地、类型、酒龄于味道及口感之体现	● ● ○ ○ ○
		5 4 -3 -2 -1

45 Points 扣分：

格 Comment

Evaluate 整体评价

整体的表现力	风格的呈现：特征	● ○ ○	激发情感的能力	● ○ ○
		-3 -2 -1		-3 -2 -1
	品质的表现：质量	● ○ ○		
		-3 -2 -1		
	色香味的完整性：圆满度	● ○ ○	喜欢与否	● ○ ○
		-3 -2 -1		-3 -2 -1

15 Points 扣分：

Rating 等级：　C⁺　B⁺　AAA⁺	Score 得分：▯▯▯	Signature 签名：

葡萄酒的等级

事实上，我们可以将世界各产区的葡萄酒对应欧盟最新的葡萄酒等级制度（见87页）来做出划分，即分为3个等级：

C级：低价位，日常餐酒，即无保护地区餐酒。

B级：中价位，具品种或产区特色的优良餐酒。

A级：高价位，法定产区命名保护的酒庄代表性的酒。这一级别又可再细分为A级、AA级、AAA级3个等级。

评分时再辅以"＋"或"－"来表示性价比和推荐倾向，"＋"表示超出预期，"－"则表示名不副实。

以勃艮地为例，我将33个特级园列为AAA级别，一级园列为AA级别，村庄级列入A级别，大区级列入B级别。

以波尔多为例，我将1855年分级的一级庄和二级庄列为AAA级别，其他三级、四级、五级庄为AA级别，中级酒庄及以Château命名的村庄级AOC列为A级别，波尔多大区AOC列为B级别。

至于Produce of France则属C级。

评分标准

※葡萄酒有规范的评分标准

AAA、AA、A级别：100分起扣分。

B级别：90分起扣分。

计分表中标示有"A"的2个选项，即"复杂度"和"精细度"乃顶级酒的属性，不在B级别扣分项内，但是，如果品评的酒款表现出这2项中的某些特质来，可以获得加分，所以，B级别酒的得分有超过90分的可能。

C级别：80分起扣分。

计分表中标示有"A"的2个选项和标有"B"的2个选项不在此一级别扣分项内，同样，如果品评的酒款表现出这4项中的某些特质来，可以获得加分，C级酒的得分有超过80分的可能。

标有"B"的2个选项为"品种、产区的特性"以及"香气的变化"，属B级别之具品种或产区特色的保护产区优良餐酒的特质，故不在C级的要求里。

要注意的是，本评分表采用的是扣分制，所以打分的时候不需要每一个小的选项都去打分，而是从色、香、味的整体感觉找出自己觉得有缺陷的选项来，只在这些选项中扣分。

※罗伯特·帕克（佛山唐美摄于2011年，香港）

100分葡萄酒的可能性：哲学的证明

罗伯特·帕克是当代最具影响力的酒评家，多年来他一直在为葡萄酒打分数，用的就是百分制。

那么，一款具有完美口感的葡萄酒真的是可能的么？真的存在100分的酒？

康德在三大《批判》中说人之所以为人乃有三大心灵能力，即感性、知性、理性，它们是人的类趋向。"我所能知者"为寻真，"我所应为者"是持善，"我所可期望者"乃求美。人正是通过这3种心灵能力来认识世界的。

心灵三层面是由表及里、由浅入深的关系。感性包括直观表象和体验情感，知性作用用于认识抽象和评价价值，理性等同于中国哲学所说的志性，兼有自性原型和自由意志2个维面。

西方传统的看法是将人的感官分为内、外两种。内在感观就是人的精神、认识、情感、直觉、意志等交融综合的总体。外在感观有5种，即触、视、听、嗅与味。这是人与外物接触并产生感觉、知觉与表象的能力。其中触、视、听三种较为高

※Ornellaia 2007

级，能反映客体的状态，视听是"为理智服务的感官"（托马斯·阿奎那语），最具精神性，社会化程度也最高，人类的文化信息几乎都是靠这两个感官传达交流；味、嗅两种较低级，主观的因素更多。内外感官结合起来，就构成了人的感性能力。另外，在外在感官之中，还存在一种特殊成分，这是只有人类才有的——生命感。

鼻之嗅觉由化学物质的气体刺激引起，舌之味觉是由化学物质的液体刺激引起，身之肤觉包含触觉、温觉和痛觉等，感受器散布于全身体表。这三种感觉都是近距离的感觉，与人的肌体紧密联系，在艺术哲学上属于生命层次的生理快感。这也是很多美学家、哲学家都认为饮食不属于艺术范畴的根本原因。而且由于饮食是要被吃进肚子里去的，即以主体占有客体为目的，终与真正的艺术品存在差距。

※葡萄藤

但是，这些感觉在审美联觉（通感）中起着重要的作用，而且快感是美感的基础因素，通过生理快感而引发的美感，更有助于美的形象的生成。

Henry Parker在《美学原理》中说到："感觉是我们进入审美经验的门户，而且，它又是整个结构所依靠的基础。"也就是说，人的情感和行动皆基于知觉。

在审美感知中，各种感觉相互作用并相互转移，被称为联觉或通感。心理学界对联觉有基本一致的认识，美国心理学家克雷奇等认为，"在联觉现象中，存在一种惊奇的感觉相互作用：某种感受器的刺激也能在不同感觉领域中产生经验。"发展联觉、培养通感皆有助于提高审美感知力。

葡萄酒的品评是较少涉及视觉与听觉这两种社会化的器官，而多仗赖嗅觉、味觉与触觉等相对简单的、具有生物性的器官，但是，就像波尔多第二大学葡萄酒学系教授Emile Peynaud说过的那样："品酒是要说话的，品饮它、谈论它，闭着嘴巴那只是喝，这不能算是品酒。"通过说和听，将葡萄酒本质上无语的感官感受传达出来，以达到沟通目的，将个人的快感通过心智活动转化为富有文化内容的快感，增加审美的精神旨趣。当我们以艺术的眼光来看待、谈论葡萄酒时，葡萄酒的鉴赏便成为一个审美判断，也便拥有了艺术的意味。

康德将愉悦度分为：适意、美、善。感性层面着眼于感官的愉悦以及审美对象的合目的、形式的完善生动，并伴随相应的

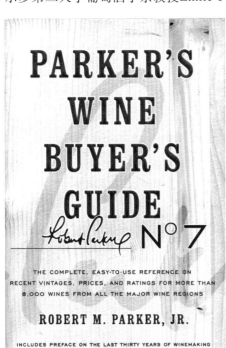

THE COMPLETE, EASY-TO-USE REFERENCE ON RECENT VINTAGES, PRICES, AND RATINGS FOR MORE THAN 8,000 WINES FROM ALL THE MAJOR WINE REGIONS

ROBERT M. PARKER, JR.

INCLUDES PREFACE ON THE LAST THIRTY YEARS OF WINEMAKING

※《帕克的葡萄酒购买指南》

情绪体验，激发情感；知性在认识领域里通过分析和综合来自感性的各种具体材料而把握事物之真，在价值观念上透过情感对对象作肯定性评价即是通常所谓的善，认识因素与价值因素——真与善相统一，于是形成美。

※Château La Croix St. Georges

感性形式是美的一个最外在的维面，秩序与和谐的先天倾向是判别感性形式美或不美的基础条件，但如果美仅仅限于感性形式层面，人仅仅停留于审美对象知觉表象的形成及其伴生的情绪体验，那么就离不开生物性。美之所以是人类独有的文化价值，就在于人类在审美中超越这一层次，向审美对象注入了自己的心灵旨趣，这就是所谓的"移情"。

在审美活动中，作为感性客体对象的形式结构与主体自身的心理结构之间有一种对应关系，人类的任何精神活动都是通过贯穿心物显现出自身完整的心灵。人类总是通过感官来观察世界，通过自己的心灵阐述世界。

笛卡尔有一个著名的论断：对象世界的统一性、实体的统一性，不能通过知觉来把握，而只有通过反省心灵本身。

中外审美思想的嬗变已经告诉我们："美是人从中直观到自身的东西"，在审美关系中，主体与客体不只是在某一点或某一方面达到统一，而是二者一体化，即无我为一、身与物化，直观自身的倾向存在于所有审美领域。

保持自由的心态，就会本能地将现实对象化并理想化，这就是审美；通过符号物化出来，便是艺术。

自由是人的本质之一，也是审美的主观条件，有了这个条件，审美活动才得以开始，就是说，有了自由的人，才能有审美和艺术。这种观点从古希腊时代萌芽，经由文艺复兴、启蒙运动、以及德、英浪漫主义一直延续到今天，在西方艺术家和理论家心中成为非理性、下意识的创作观和审美观。

审美想象力体现自由，而指向理想。

审美过程中主体精神有一种潜在的提升，想象力的自由活动具有潜在的方向性，"美是发现生命的较高的观念性"，因此所谓的直观自身并不是指在对象上看到一个"现实的自我"，而是主体所看到的一个"理想的自我"，根据对生命的真正概念的预感，用黑格尔的话来说就是"达至完美"。应该说这是人的一种本能，人们总是潜在地指向生命的圆满和生存的自由。

人类感官的生理结构与心灵要求秩序、和谐的先天倾向是相对应的，人的本质、认识能力需要对象化，心灵的洞见就是在对象上确证自身。在审美活动中，人的感觉、知识、追求融为一体且客观化了，人们总是潜在地指向生命的圆满和生

※葡萄藤

存的自由，因而审美主体从对象中直观到的是完整、自由的自身，直观到的是理想的人格或理想的境界。

虽说鉴赏的尺度是不存在的，也没有明确的鉴赏标准，但人们实际上还是按照某种参照物定下了审美标准，有了这个参照物才能说此丑彼美。康德承认这一点，他认为鉴赏有一个范本或原型，他称之为"理想"。

所以，一款完美的葡萄酒是可能的，即100分的酒是存在的，因为那是人的本性理想化和追求完美的一种表达。

一款完美的葡萄酒，首先要具有优秀的品质和独特的风格，它的味觉和口感要素皆适度而中节，由多样性的统一进而到二元性的对立和谐，由6大

※Château Phélan Ség'ur

要素的两极对立、均势平衡建构起葡萄酒均衡而协调的口感结构来，从而保证了葡萄酒这一审美客体的整体稳定性，成为有机的统一体。

在审美活动中主体要形成美的形象，就要求对象既有感性外观的具体性和生动性，又具有内在品质的丰富性和完整性，这也是一款100分的葡萄酒应该具有的属性，是我们完整心灵的写照。

《美学史》的作者鲍桑葵（Bernard Bosanquet）说："审美经验是一种快感，或者是一种对愉快事物的感觉。"人的生命体包括身与心、肉体与精神两个方面，审美经验存在于身心和谐、灵肉合一、满足和愉悦之中。所以，审美经验也就是唤起身体与心灵、物质与观念、思想与情感，给人带来享受和满足的完整的生命。葡萄酒的鉴赏具有美学特性，是一个在品尝中逐渐深化的过程，最终形成了葡萄酒的审美文化。

第四节 葡萄酒的均衡与和谐

"均衡"与"和谐"

均衡，在葡萄酒的品鉴中是一个重要的概念，取决于酒中含有的刺激我们的视觉、嗅觉、味觉的物质成分之间的平衡和比例关系，并于感官表现中体现出来，也就是在感官品鉴中表现出色、香、味的均衡，而重要的是口感上味觉和口感要素间的均衡，亦即葡萄酒的口感结构均衡。

"平衡"在现代汉语词典中是这样解释的："衡器两端承受的重量相等""两物齐平如衡""对立的方面在数量或质量上相等或相抵"等。平衡是一种对立元素的力的关系，葡萄酒中的平衡是无法用科学仪器量测的，仅能靠感官评断。但是，每个人的感觉器官有着先天的差异，感受力也不尽相同，对葡萄酒的鉴赏经验也不一样，因此平衡的标准便会有偏差。而且，就像体操平衡木比赛中，平衡仅保证运动员能够处在平衡木上面，如果仅此而已就想争奖牌却是远远不够的。

均衡则是在对称基础上的变化，协调统一，它不要求形体的两侧对等，但要求给人以两侧相称的力的感受，仿佛一架翘翘板，平衡点可以灵活移动。

口感的均衡是一款优良品质葡萄酒必具的要素，而对于杰出品质的葡萄酒而言，则需在均衡的基础上展现出整合性的等级层次，表现出更多的面向和特质来。

※Château Simone Rosé

和谐，指的是风味范畴中各项元素强度的协调感和整体感。

自古希腊时代起，和谐观念即在审美领域占有一席之地。和谐与均衡不同，均衡指的是结构元素之间的分量协调，着眼于框架表现形态；和谐则专注于风味元素之间的品质协调与整一。

多样统一，这是形式美的最基本的法则。多样是指事物的各个部分具有丰富的个性，统一是指这些有差异甚至对立的各部分构成一个有机的整体。多样统一分为两种类型，一是对立因素的协调，一是差异因素的调和。多样统一使形式的美丰富而有变化，具有内在的张力。

和谐的内涵允许多元的阐释，风味悬殊的不同酒款都可以被评判为和谐的酒款，而同一酒款年轻时可以是不和谐的，随着成熟最终可以达至风味的和谐。这是因为和谐的内涵可以从不同的面向来解释，比如"对立元素之间的共存""对立元素之间的调和""对立元素达至的平衡"等。从历史发展的角度看，审美理想的和谐是一种动态平衡状态。

葡萄酒的多种味觉和口感的元素以水为载体，混融在一起，各单一要素需保持自己适当的存在和强度，不能偏倚而至于侵犯了其他任意一个要素应有和原有的存在，也不能让自己的存在被其他要素所侵犯；既

※葡萄园

※Morey-Saint-Denis

不能太强而侵掩其他要素的呈现，也不可太弱而被其他要素所侵掩，诸要素各安其份、各奉其节、各呈其味、各表其示。一款优秀的葡萄酒需表现出这样的整体性、全面性和稳定性来，并呈现出一种均衡、和谐的动态的平衡。

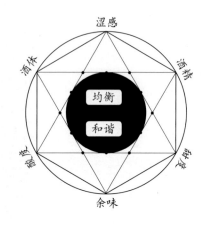

那么，一款完美的葡萄酒在均衡、和谐的基础上，既体现了丰富性和复杂度，又是流动而自由的。

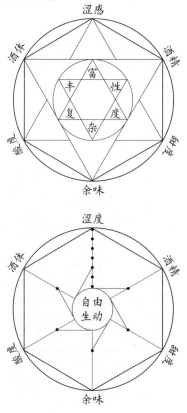

黑格尔说："人的本质是自由。"心灵有一种通过感官印象的愉悦的纯然感受而超升的能力，亦即高级认识能力——求美、向善。美是理想的体现，是祈求生命圆满、生存自由的憧憬的现实化。理想性是对葡萄酒应该有的样子的潜在的指向性，亦即完善性，人类有追求和谐完满的本性，甚至从感官魅力上也能找到一种自由的愉悦。

所以如果我们假设一款完美的100分的酒是存在的，那么，它也要能给予我们这样的期盼。

从时间维度来看，我们需要关注两个方面：对新酒而言，随着时间能否发展出更丰富的潜力来；对老酒而言，陈年的完成度如何。一款葡萄酒既有空间结构、又有时间面向，一直处于动态平衡中，才能成为圆满自足、完美无缺的审美客体。

※"艺术"往往与视觉相关

葡萄酒的艺术性

葡萄酒是艺术品吗？

在美学史上很长一段时间里并不承认嗅觉和味觉的审美地位，像圣托马斯就宣称："我们并不说美的味道或气味。"因为，美是具有特殊的"认识能力"的感觉（即视

葡萄酒入门

※艺术品往往是可视、可听的

觉和听觉）的事情。艺术史也将嗅觉和味觉排除在艺术范畴之外，理由是嗅觉和味觉是属于生命层次、动物性的感官，是低级的感官，在气味和味道方面，生命的侧面占据了支配地位，所以它们很难达到存在的自我的层次。听觉和视觉才属于高级的感官，属于艺术的感官。甚至今天很多酿酒师自己也承认："葡萄酒属农产品，只是一门手艺，而不是艺术。"

但其实在西方语言中"艺术"一词最初的含义就是"技艺、技巧"的意思。葡萄酒可以是一种艺术的，即一种技巧的结果。

开明的哲学家想表现出大度来，说只是由于美食和美酒落实于"味"，不仅关系于对象的形式而且主要是因为美食与美酒是以主体占有客体为目的，才使它与真正的艺术品隔着一层。

是呀，诗与画可以看了又看，文本还在那里；音乐可以听了又听，乐谱还在那里；美食与美酒被人吃掉了、喝掉了，就算感觉到美，主体占有客体，消化了、消失了，美存在于何处呢？

"适合于视觉和听觉的艺术作品无疑是存在的。"哲学家们承认。那适合于味觉或嗅觉的严格意义上的"艺术作品"，究竟是不是能够存在呢？

　　我们知道葡萄酒是分等级的，固然有适合随便喝喝的日常餐酒和优良地区餐酒，但也有法定产区葡萄酒，其中最顶级的不但具有饮用价值，更有陈年价值、收藏价值和鉴赏价值。

　　这样级别的一瓶好酒是葡萄品种、产地、酿造技术的精粹，承载着栽培者、酿造者的努力和心血，喝的或许是一瓶、或许是一杯，但是却代表着天、地、人一个年份的收成。气候、土壤、人为的因素都可以在酒中感受得到，而且葡萄品种和产地的历史、人文的渊源也皆封存在酒中，能够随着陈年传递到未来。这一切不都表现着艺术性的特质么？不正符合"真正的艺术品是由社会化的符号构造起来的，包含较多的文化内涵"的定义么？

　　审美感受的区别在于态度，而不在于刺激物方面。当我们以审美的态度去看待对象，其表象就具有审美性质。因此，人们既可以把一杯酒一饮而尽，也可以慢慢品尝，回味它的芬芳或者它的效力，寻找它的那些香气或者辣味的价值。

※Rivesaltes

　　动物性的感官，只能直接地本能地接受刺激，只在动物生存需要范围内分辨事物；而人化的感官则能超越"本能"。按康德的说法，动物性的感官"没有反思"，人的感官则可能伴随着反思活动。也可以说，是否有审美能力，是两种感官的根本区别之一。在葡萄酒的品尝和鉴赏中，嗅觉、味觉这两种动物性的感官具备了反思能力，也就是说具有了审美能力。

　　我们通过感官在酒中所感受的愉悦是属于生命领域的反应，但是，如果我们以艺术的审美态度去领会感官刺激带给我们的深层的艺术效果、发掘更深层的价值，并不是借助于"生命的"反应去享受这杯美酒，而是使它进入到我们的内在人格之中，从而领会葡萄酒所具有的审美价值，并接受它对我们的影响，那么品尝葡萄酒就超越了生命的层次，而抵达精神的层面。

　　葡萄酒的审美价值即是人们从酒中感受到、体验到、享受到的东西，诸如和谐、均衡、统一、愉悦、求美、向善、自由、完满这些观念和特质，这些因素构成了自我的最深刻的需要。一杯酒如果能够将这些形式在杯中、在我们的口中、在我们的心灵感受中表现出来，它就能够使自我的这些需要得到满足。当艺术家表现客观对象所具有的本质的时候，他通过努力而达到的，主要就是这些至关重要的生命成分和精神成分。

※Ridge Monte Bello

葡萄酒到底属不属于艺术的范畴并不重要，重要的是我们以什么态度来鉴赏它。我们不能认为葡萄酒具有审美意味就将其与艺术进行轻率的联系，但是也绝不甘于部分哲学家们断言的"认定烹饪、饮食等是接近艺术的就是俗人"。并不是一定要将葡萄酒往艺术上靠，或者非要证明葡萄酒是艺术的，这是徒劳的，我们争辩不过艺术家、哲学家，不过即使争了也没关系，他们因为彼此也在吵架而分身无暇！

也许葡萄酒不是艺术品，但至少不应该妨碍我们以审美的态度对待它。

快乐与幸福

康德说："任何客体的表象直接地与愉快情感相结合，通过这样一种愉快作判断的能力就叫做鉴赏。"审美的判断力在鉴赏中去发现对象的形式对我们认识能力的适合，而且要通过情感来断定。鉴赏判断纯然是静观的，也就是说，是一种对一个对象的存在漠不关心、仅仅把对象的性状与愉快或不快的情感加以对照的判断。

快乐是存在于生命领域之中的反应，在饮食和感官情欲方面所感受到的快乐，以及在肉体和心灵的激动中所感受到的快乐——所有这些都属于生命的领域，就这样一些快乐体验而言，人和

※Château Grand Mayne

动物是相同的。这样说并不意味着我们应该反对这样的快乐刺激物，快乐和激动本身是不应当受到指责的。

对于审美感知来说，人们对客观对象的把握、洞察和静观，都只不过是用来达到目的的手段而已。审美对象必须获得主观意味，并且影响自我的存在，它必须"得到人们的体验"，而不仅仅是被人们所了解。由于超越了那些可以感觉和可以感知的东西，因此，至关重要的生命成分和精神成分都属于审美对象的本质；的确，正是它们构成了这个审美世界的真正的灵魂。

　　我们在葡萄酒中得到的幸福感，正如康德所说的那样：

　　"我们的幸福来源于更深刻的自我层次，来源于我们的存在的最深层次——就像我们可以称呼这种层次那样，来源于我们的'存在的自我'。幸福是自我的某种状态，而不是某种单纯的个人经验：人们在最富有审美特性的艺术那里所寻求的欢乐，就是这种内在的幸福状态。

　　由于激动和紧张状态而产生的生命活动的升华，是可以通过上百种手段来实现的。只有通过领会艺术作品的价值，那伴随着审美享受而产生的存在的幸福——人们必定会承认这一点是事实的——才能得到实现。"

※葡萄园

第五节　葡萄酒的品质与风格

葡萄酒的质量

　　质量的本义指的是"物体所含物质的多少"，引申义为"一组固有特性满足要求的程度"。

　　对葡萄酒的质量评价是通过理化分析和感官分析两方面来实现的。理化分析是借助于各种科学仪器进行物理、化学分析，鉴定酒的组成成分，以及有害物质是否超出卫生标准。感官分析则是通过人的感官来对酒品进行鉴定，感受质量、风格、特点。

　　葡萄酒是一种具有色、香、味的味觉品，仅靠仪器测定数值是不能全面地评价酒品质的优劣。酒即

※Château Léoville-Lascases

使在理化分析的数据上组成成分十分接近，在风味上却会有明显的差别，这是因为一款酒独特风格的形成不仅决定于各种组分数量的多少，还决定于各种成分相互间的协调、平衡、衬托、缓冲、影响、掩盖等关系。酒品的不同品质作用于人体的视感官、嗅感官、味感官、肤感官等，在听觉、视觉、嗅觉、味觉、触觉、运动觉等感觉上发生刺激，予人以色、香、味的多种复合感受。

　　所以，葡萄酒的质量指的是既通过理化分析，达到一定的卫生标准；又通过感官分析，达到一定的品尝标准，能够满足人类感官需求的各种特性的总和。即葡萄酒的质量，也就是葡萄酒的优秀程度。

葡萄酒的风格

从词源学上说，"风格"一词源于拉丁词stilus——有尖端的书写工具，当它划过平面时，会留下自己的某种痕迹。

在葡萄酒的定义中，风格指的是酒品的色、香、味作用于人的感官，给人留下的综合的印象，具体而言则是一种葡萄酒表现出来的区别于同类葡萄酒的特征和个性，即所谓的典型性（typicity）。

要强调的是，典型性是中性，而风格则属褒义的。

※葡萄

酒品的风格是由酒品的色、香、味、体等因素组成的，是使人感觉舒适、愉快的个性和特征，更是构成葡萄酒感观质量的一部分，也就是说，必须是达到一定的质量标准之上，并且使人感觉舒适、愉快，在此基础上表现出个性和特征来才能够称之为风格，否则，就只是缺陷。

莫里茨·盖格尔说过："任何一种风格都必须接受它自身的价值标准的衡量。"所以，仅表现出个性或差异性那不叫风格，必须是在达到一定品质之上所表现出来的独特性、可辨识性才叫风格。

影响葡萄酒质量和风格的因素

影响葡萄酒质量和风格的因素有：原产地的生态条件、葡萄品种、年份、栽培管理和酿造方式等。

一方面，葡萄酒的质量和风格是一个很主观的概念，决定于品尝者的感觉能力、心理因素、饮食习惯、文化修养和环境条件等；另一方面，葡萄酒的质量和风格又具有可观的标准，可"学而时习之"而得之，而法国葡萄酒为我们树立了最好的典范。

※葡萄园

风格的演绎——波尔多：开始或是结局

法国葡萄酒在世界上的地位，是建立在最严格的关于葡萄种植、葡萄酒酿造和生产的法律上的结果。波尔多人以3种的红葡萄品种（赤霞珠、美乐、品丽珠）的混合，偶尔再加点马尔贝克或者小维多，为世人建立了葡萄酒口味和价格的等级制度；以白葡萄品种的长相思、赛蜜蓉或许还有密斯卡黛勒，演绎各种风格的葡萄酒，即便用的是相同的葡萄，也有着至甜和至干的最遥远的距离。

波尔多左岸、右岸有着明晰的风格分野，左岸的美都4大名村（普依雅克、玛歌、圣朱利安、圣埃斯泰夫）以及格拉夫，右岸的圣爱美隆及波美侯，又同中有异，恰是学习和体味葡萄酒风格的最佳典范。

英国作家罗·达尔的小说《品酒》中的品酒专家就波尔多酒风格判断方面给我们做出了上佳的示范：

他慢慢地把酒杯举到鼻子跟前，鼻尖伸进酒杯里，在酒面上移动，灵敏地嗅着。他使酒杯里的酒轻轻地打起旋涡，以便吸取酒的香味。他的注意力十分集中。他早已闭起双眼，而现在他的全部上半

※Château Montrose

身、头、颈、胸膛，好像变成一件巨大的敏感的嗅觉机器，承受着，渗入着，分辨着鼻子里吸进去的信息。

"喂。"他说，放下酒杯，把一只粉红色的舌头伸到嘴唇外面。"嗨，不错，一种非常有趣的小酒——温柔而优雅，它的余味很有女性的特点。"

※波尔多美景

※酒窖

　　"那么首先，这种酒是在波尔多的什么地方出产的呢？这一点猜起来倒不太难。酒的味道太淡，既不是圣爱美隆出产的，也不是格拉夫出产的。这分明是美都的一种酒。那是毫无疑问的。"

　　"那么，这种酒又是美都哪里出产的呢？根据淘汰的方法，那也是不难断定的。是玛歌出产的吗？不，不会是玛歌，它没有玛歌酒的强烈的香味。普依雅克吗？也不会是。这种酒太娇嫩，太温和，太惹人渴望了。而普依雅克酒从味道上说，它的性格几乎是蛮横的。同时，在我看来，普依雅克酒里有一种古怪的、灰土般的果髓的味道，那是葡萄从它的土壤里吸取的。不，不，这种酒啊——这是非常温和的酒，初尝的时候使人感到优雅而又羞怯，再尝一口的时候它就以腼腆而十分和蔼的风度出现了。在尝第二遍的时候，也许有点调皮，还有点淘气，用一丝、一丝丹宁的味道来逗弄人的舌头。最后，它的余味是可爱的，叫人安慰的，女性般娇柔的，带有某种愉快而又宽宏大量的品质，使人只能把这种品质和圣朱利安的酒联系起来。毫无疑问这是圣朱利安的酒。"

※不同年份的Château Léoville Barton

波尔多葡萄酒具有很好的陈年能力，是收藏家的最爱，而且产量大并稳定，具有成为商业投资产品的特性，多年以后依然可以在市场上找到老年份的产品。我认为波尔多酒最重要的特性不在于因应不同的产区、土壤、气候、酿造者和酿造技艺所带来的丰富多样的风格，而在于同一个产区、同一片土壤、同样的微气候环境、相同的酿造者、相同的酿造技艺所酿造出来的葡萄酒除了每一年特性的持续之外的无尽变化以及丰富的差异性。垂直试饮来自同一家顶级酒庄、不同年份的葡萄酒，应该是每一个葡萄酒爱好者梦寐以求的经验吧。

每一次有幸喝到波尔多顶级葡萄酒，都让我联想到人的成长，每一个年份都带有那一个年份的历史印记，每一个不同的年份都是对自己成长的一次回顾，这是具有超长陈年潜力的顶级波尔多酒所能带给品饮者最大的乐趣、最好的享受和最值得的回报吧；也是人们愿意买一瓶这样的酒珍藏起来，然后在恰当的时候打开的理由：喝到的是酒的口感，感动我的是涌起的记忆。

波尔多葡萄酒风格的权威性在于熟悉化了，易于辨识，而其风味之充实、气象之辽阔，实不宜轻言褒贬。

※Château Montus

※奥比昂酒庄

※Château Haut-Brion 1999

品酒笔记

Name of Wine 酒　名：Château Haut-Brion (Graves) 1999	Date品尝日期：2012-12
Grape Varieties葡萄品种: 赤霞珠、美乐、品丽珠	Price价　格：

Observations 观察	Interpretation 阐述

色 Eyes

Color颜色：樱桃红	Rim边缘：铅红	Core中心：褐红	Depth深度：中度

Limpidity澄清度清澈浑浊　和　Brightness光泽度之明亮暗哑

Fluidity流动性之黏稠流畅　或　Bubbles呈泡性之大小多寡

Entirety整体表现之正确与否：品种、产地、类型、酒龄

颜色凛亮，仍具光泽。

10Points扣分: 0

香 Nose

First Nose第一印象	墨水、蘑菇、皮革，典型的波尔多老酒风味。
Primary Aroma & Bouquet 主要的、典型的香气	黑色水果、香料、皮革等。
Flaws瑕疵香气	

很舒服的香气，深迥、厚重，有变化。

香气判断

纯净度：雅正、干净、邪杂、差劣
浓郁度：强烈、丰富、简单、纤弱
刺激性：刺鼻、刺激、温和、柔和
愉悦性：丰富、协调、愉悦、造意
品种、产地类型、酒龄之整体表现B
静止、摇杯、空杯的变化及持续性B

P.Jellinek 捷里聂克香气分类法

30Points扣分: 0

味 Mouth

均衡
Balance

味道之均衡：结构感
酒肩之表现：层次感
口感之充实：复杂度A

口感结构图

温度 酒体 酒体 细腻 收敛 余味

口感表现	
酸度、酒体、温度之关系：收敛性	
温度、酒精、甜度之关系：柔和性	
甜度、余味、酸度之关系：完善性	
酒体之质感：粗糙、沙质、细致、细腻、精细A	
风味之强度：强烈、阳刚、集中、生动、柔美	
品种、产地、类型、酒龄干味道及口感之体现	

入口带甜，但不过分，是那让人欢喜的那种程度；果味尚佳；均衡、宏大的结构，丹宁细腻、精美；爽口尾香。

45Points扣分: 4

格 Comment

Evaluate整体评价	
整体的表现力	风格的呈现：特征
	酒质的表现：质量
	色香味的完整性：圆满度

激发情感的能力

喜欢与否

精细度满分，层次感、复杂度稍减，仍需陈年。

15Points扣分: 0

Rating等级: C⁻ B⁺ **AAA⁺**　　Score得分: 88　　Signature签名: KU

※Château Léoville Barton 2006

品酒笔记

Name of Wine 酒　　名：Château Léoville-Barton (Saint-Julien) 2006	Date 品尝日期：2012-12
Grape Varieties 葡萄品种：赤霞珠、美乐、品丽珠	Price 价　　格：

Observations 观察	Interpretation 阐述

色
Eyes

| Color 颜色：深红色 | Rim 边缘：水边窄 | Core 中心：深红 | Depth 深度：深 | 深红，凛亮！ |

Limpidity 澄清度之清澈浑浊　和　Brightness 光泽度之明亮暗哑		
Fluidity 流动性之黏稠流畅　或　Bubbles 呈泡性之大小多寡		
Entirety 整体表现之正确与否：品种、产地、类型、酒龄		10Points 扣分：0

香
Nose

First Nose 第一印象	墨水、中药的香等。
Primary Aroma & Bouquet 主要的、典型的香气	黑色水果、咖啡、年轻波尔多酒的香气等。
Flaws 瑕疵香气	

香气浓郁、典型，陈年后自当更为精彩。

香气判断

纯净度：端正、干净、邪杂、差劣	
浓郁度：强烈、丰富、简单、纤弱	
刺激性：刺鼻、刺激、温和、柔和	
愉悦性：丰富、协调、愉悦、适意	
品种、产地类型、酒龄之整体表现	
静止、摇杯、空杯的变化及持续性	

P.Jellinek 捷里聂克香气分类法

30Points 扣分：0

味
Mouth

均衡
Balance

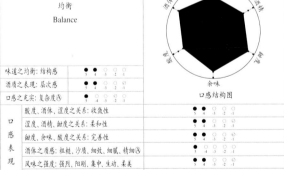

口感结构图

味道之均衡：结构感	
酒盾之表现：层次感	
口感之充实：复杂度Ⓐ	

酸度、酒体、湿度之关系：收敛性	
湿度、酒精、甜度之关系：柔和性	
甜度、余味、酸度之关系：完善性	
酒体之质感：粗糙、沙质、细致、细腻、精细Ⓐ	
风味之强度：强烈、阳刚、集中、生动、柔美	
品种、产地、类型、酒龄于味道与口感之体现	

滴酒浓缩、紧奏、有结构、有层次、均衡、精细，丹宁强烈，但缺少硬性，开始时缺少甜美藏，慢慢才表现出来。

45Points 扣分：6

格
Comment

Evaluate 整体评价

整体的表现力	风格的呈现：特征		激发情感的能力	
	酒盾的表现：质量		喜欢与否	
	色香味的完整性：圆满度			

口藏过于甜，难免产生腻味藏。

15Points 扣分：1

| Rating 等级：C⁺ B⁺ AAA⁺ | Score 得分： | Signature 签名：KU |

※Château Calon-Ségur 2007

品酒笔记

Name of Wine 酒　名：Château Calon-Ségur (Saint-Estèphe)2007	Date品尝日期：2012-12
Grape Varieties葡萄品种：赤霞珠、美乐、品丽珠等	Price价　格：

Observations 观察 / Interpretation 阐述

色 Eyes

Color颜色：深红色　Rim边缘：水边窄　Core中心：黑　Depth深度：深	深红色，深沉但不过分，光泽显示为年轻的酒
Limpidity澄清度清澈浑浊　和　Brightness光泽度之明亮暗哑	
Fluidity流动性之黏稠流畅　或　Bubbles呈泡性之大小多寡	
Entirety整体表现之正确与否：品种、产地、类型、酒龄	10Points扣分：0

香 Nose

First Nose第一印象	烤榛子、墨水、中药等。
Primary Aroma & Bouquet 主要的、典型的香气	黑色水果、中药、烘烤、香草等。
Flaws瑕疵香气	

新年份的酒，香气浓郁、集中、化不开。

P.Jellinek 捷里聂克香气分类法

30Points扣分：0

味 Mouth

均衡 Balance

口感结构图

风味浓郁、浓缩、均衡、丰厚，年份新因而丹宁稍苦，浓厚细致唯芳散漫，复杂度中等些，余味中长。

45Points扣分：8

格 Comment

Evaluate整体评价

整体的表现力

体现出波尔多酒的特征，木桶味压过果味，显示年份稍次。

15Points扣分：2

Rating等级： C⁺ B⁺ **AAA**⁺ 　　Score得分： 88 　　Signature签名：KU

※Château Duhart-Milon-Rothschild 1991

品酒笔记

Name of Wine 酒　　名：Château Duhart-Milon-Rothschild (Pauillac)1991	Date 品尝日期：2013-1
Grape Varieties 葡萄品种：赤霞珠、美乐、品丽珠	Price 价　　格：

Observations 观察	Interpretation 阐述

Color 颜色：砖红色　Rim 边缘：水边较阔　Core 中心：橘红　Depth 深度：中度	颜色保持很好，仍具亮丽的光泽。
Limpidity 澄清度之清澈浑浊　和　Brightness 光泽度之明亮暗哑	
Fluidity 流动性之黏稠流畅　或　Bubbles 呈泡性之大小多寡	
Entirety 整体表现之正确与否：品种、产地、类型、酒龄	10Points 扣分：0

First Nose 第一印象	老酒的香，波尔多老酒。
Primary Aroma & Bouquet 主要的、典型的香气	人参、雪松、松露，甚至有些海带般的鲜！
	橡木桶给予的香气发展很迷人（如雪松、甘草等），果味依然存在。
Flaws 瑕疵香气	

香气判断

P.Jellinek 捷里聂克香气分类法

很舒服的芳涵香，丰富，有变化。

30Points 扣分：0

均衡 Balance

口感结构图

味道之均衡：结构感		酸甜平衡极佳，结构清晰，柔和、顺滑，极迷人。当年说1991不是太好的年份，很多1991年的酒都在20世纪90年代中就喝掉了。所以说葡萄酒之年份判断有可能是个伪命题！葡萄酒没有那么娇弱，质量达到一定标准，加上保存条件合宜的话，很多酒是可以放很多年之后再喝的！
酒质之表现：层次感	
口感之完整：复杂度Ⓐ	
口感表现	

45Points 扣分：8

Evaluate 整体评价	性价比非常棒的酒，酒庄盛名所掩之下很划算的一般酒。
整体的表现力 风格的呈现：特征 品质的表现：质量 色香味的完整性：圆满度 激发情感的能力 喜欢与否	

15Points 扣分：0

Rating 等级：C⁺ B⁺ AAA⁺	Score 得分：	Signature 签名：KU

※Château Grand-Puy-Lacoste 2009

品酒笔记

Name of Wine 酒　名：Château Grand-Puy-Lacoste (Pauillac)2009	Date品尝日期：2012-12
Grape Varieties 葡萄品种：赤霞珠、美乐、品丽珠	Price价　格：

	Observations 观察	Interpretation 阐述

色 Eyes

Color颜色：石榴色	Rim边缘：紫色光泽	Core中心：黑	Depth深度：深

Limpidity澄清度之清澈浑浊 和 Brightness光泽度之明亮暗哑
Fluidity流动性之黏稠流畅 或 Bubbles呈泡性之大小多寡
Entirety整体表现之正确与否：品种、产地、类型、酒龄

深色泛紫，有光泽。

10Points扣分：0

香 Nose

First Nose第一印象	香气封闭，隐隐约约的烤榛子、草本植物等香气。
Primary Aroma & Bouquet 主要的、典型的香气	黑色水果、药香、木香等香气！
Flaws瑕疵香气	

P.Jellinek 捷里聂克香气分类法

香气判断

纯净度：雅正、干净、邪杂、差劣
浓郁度：强烈、丰富、简单、纤弱
刺激性：刺鼻、刺激、温和、柔和
愉悦性：丰富、协调、愉悦、适宜
品种、产地类型、酒龄之整体表现Ⓑ
静止、摇杯、空杯之变化及持续性

30Points扣分：0

味 Mouth

均衡
Balance

味道之均衡：结构感
酒质之表现：层次感
口感之充实：复杂度Ⓐ

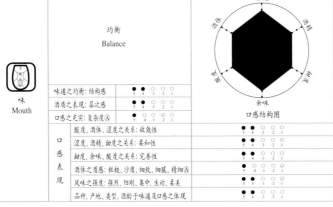

口感结构图

口 感 表 现	酸度、酒体、湿度之关系：收敛性
	湿度、酒精、甜度之关系：柔和性
	甜度、余味、酸度之关系：完善性
	酒体之质感：粗糙、沙质、细致、细腻Ⓐ、精细
	风味之强度：强烈、阳刚、集中、生动、柔美
	品种、产地、类型、酒龄于味道及口感之体现

酒刚打开案构，格局显得拘束，但复杂度好，丝绸般的丹宁，很细腻，稍有苦感，在杯中久了，展现出丰富的层次，口腔分布宽广，果味丰满，表现力颇佳的酒。

45Points扣分：5

格 Comment

Evaluate整体评价		
整体的表现力	风格的呈现：特征	激发情感的能力
	酒质的表现：质量	
	色香味的完整性：圆满度	喜欢与否

含蓄精致，沉郁集中，极佳的年份，极佳的酒。

15Points扣分：0

Rating等级：C⁺ B⁺ AAA⁺	Score得分：	Signature签名：兆檀

开始香气鼻塞，在杯中久了，果味出来，木桶的香气掩盖不了果味的浓郁，显示是一个成熟度好的年份。

※Château Suduiraut 1969

品酒笔记

Name of Wine 酒　名：Château Suduiraut（Sauternes）1969	Date 品尝日期：2012-12
Grape Varieties 葡萄品种：90% 赛蜜蓉和10%长相思	Price 价　格：

Observations 观察	Interpretation 阐述

色 Eyes

Color 颜色：桔黄色	Rim 边缘：琥珀	Core 中心：橙红	Depth 深度：深

Limpidity 澄清度 清澈浑浊　和　Brightness 光泽度之明亮暗哑

Fluidity 流动性之黏稠流畅　或　Bubbles 呈泡性之大小多寡

Entirety 整体表现之正确与否：品种、产地、类型、酒龄

10Points 扣分：0

迷人的深橘黄色，
亮亮、黏稠。

香 Nose

First Nose 第一印象　　蜂蜜、柑橘、甜美。

Primary Aroma & Bouquet 主要的、典型的香气　　蜂蜜、柑橘之属、杏仁、槐花等。

Flaws 瑕疵香气

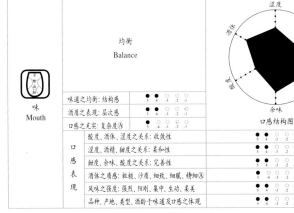

香气判断

纯净度：难正、愉悦、邪杂、差劣

浓郁度：强烈、丰富、简单、纤弱

刺激性：刺鼻、刺激、温和、柔和

愉悦性：丰富、协调、愉悦、适意

品种、产地类型、酒龄之整体表现 B

静止、搖杯、空杯之变化及持续性 B

P.Jellinek 捷里聂克香气分类法

极甜美迷人，不可言喻！

30Points 扣分：0

味 Mouth

均衡
Balance

口感结构图

味道之均衡：结构感

酒质之表现：层次感

口感之充实：复杂度 A

口感表现
酸度、酒体、湿度之关系：收敛性
湿度、酒精、甜度之关系：柔和性
甜度、余味、酸度之关系：完善性
酒体之质感：粗糙、沙质、细致、细腻、精细 A
风味之强度：强烈、阳刚、集中、生动、柔美
品种、产地、类型、酒龄于味道及口感之体现

45Points 扣分：7

香气、口感皆好，
像陈皮，参年老反
而参有清新感。甜
度陈年得恰到好
处，不黏不腻，唯
稍湿，令口感稍
干，但顺度和圆润
感稍欠了一点，回
味悠长。

格 Comment

Evaluate 整体评价

整体的表现力

风格的呈现：特征

品质的表现：质量

色香味的完整性：圆满度

激发情感的能力

喜欢与否

极棒的苦酒！

15Points 扣分：0

Rating 等级： C+ B+ AAA+　　Score 得分：888　　Signature 签名：KU

品质的标准——勃艮地：最佳入门之道

如果说波尔多是一大片风景，那么勃艮地则是一路风情，每一块葡萄田都独具特色。

勃艮地的红、白酒都是用单一品种酿造而成，红的是红得发紫的黑皮诺，白的是遍地流行的霞多丽，像我们的古典诗词讲究平仄、设定格律，勃艮地人也喜欢和享受这种带着镣铐的舞蹈般的艺术追求，他们用单一的葡萄品种酿造出风味各异的葡萄酒来，他们以种出能酿出这样的酒的葡萄为标准划分土地等级，带出的是葡萄园风土的印记，把酒当作艺术作品推至品味和价值的巅峰。

与其他地方的葡萄酒相较，勃艮地葡萄酒最能反映气候、地理、人文等复杂的"风土条件"（terroir），即综合了地质、微气候、日照时间、海拔以及当地人无法以言语表达的、隶属于形而上的心灵情感。

※勃艮地每一个葡萄园都独具特色

去到波尔多，即使再大的酒庄也只是开3瓶酒给你喝：正牌、副牌，还有1瓶白葡萄酒，运气好的话再加1款甜白酒。他们会邀请你去看酒窖，但是一般不会直接从酒桶取酒给你试，更很少带你去看葡萄园，因为进出酒庄时目之所及你必然已经看到了，周围大多都是他们家的田。

※Bâtard-Montrachet

去到勃艮地，即使再小的酒庄一般也会拿出至少5款，甚至10多款酒，而且勃艮地的庄主通常会带你直接进酒窖试酒，并告诉你：这是大区级的酒、这是村庄级别，这是一级田、这是另一块一级田、这是特级田、这又是另一块特级田，这是旧橡木桶、这是新桶！简直像是进到实验室，还有哪里会有这么好的教室和导师教你喝酒呢？只有勃艮地！而且几乎所有的勃艮地葡萄园庄主自己本身就是酿酒师，喝到兴起时他们会带你去葡萄园，有的甚至直接带着那块田"酿出"的酒去，他们会现场给你讲解是因为什么原因导致这块田酿出的酒和旁边的那一块不一样。

很多人认为勃艮地酒复杂，难以了解，但其实勃艮地酒是最简单的。

勃艮地产区面积不大，产酒村庄自北而南几乎呈一线，葡萄园也多位于东向的山坡，红、白酒都只是用一种葡萄酿造而成，根据酿出的酒的品质为

※Mazy-Chambertin

土地划分等级（大区级、村庄级、一级田、特级田），为葡萄酒的品质厘定尺度，"一"字排开4瓶酒，你就可以学会葡萄酒的等级区分、品质的标准。

※Corton

勃艮地复杂的只是葡萄园的拥有者，但是，无论传承多少代，无论谁是它现在的拥有者，都无法改变葡萄园既定的位置、范围、等级以及酒的产量，对勃艮地土地而言，人不过是流水的过客。

勃艮地严格的法定命名制度、谨慎的等级划分、用心的种植农、传统的酿造者的作品，为世人提供了学习葡萄酒最好的教材，因此，勃艮地是学习葡萄酒的最佳入门之道。

大区级的葡萄酒：大多属于一般水准，简单健康的葡萄酒。

村庄级的葡萄酒：大多使用来自同村不同地段的葡萄混合酿造，如果有些地段面积可独立成园、品质又特别突出的话，酒标上会标示葡萄园的名称。村庄级的葡萄酒品质达到一定的水准、有着纯正的风味、没有明显的缺陷，品质优秀者既能体现出品种的特性、又能表现出地域的特征来，属于具有优良品质的葡萄酒。

　　风格是水平性的，品质则是垂直性，从大区级、村庄级、一级田、特级田纵向品尝，可以学习葡萄酒品质的差异；从不同村庄、不同一级田甚至特级田横向地品尝，可以学习风格的差异。而同为一级田，从不同村庄的一级田可以学习不同村庄的不同的风格和品质，从同一个村庄的不同一级田可以学习同一个村庄的不同的风格和品质，从同一块一级田不同的拥有者酿造的酒又可以学习不同酿酒师的不同的风格和品质。

　　葡萄酒最大的特点就在于它的多样性和个别性，如果人们不愿意追求和欣赏葡萄酒的差异性，那葡萄酒的生态会被摧毁殆尽。但是我们要知道，和风格一样，葡萄酒的多样性和个别性是需要建立在达到一定的品质之上的，这一点世界上没有一个产区像勃艮地的一级田这样如此的千姿百态、卓然生辉。

※Bonnes Mares酒庄

　　一级田的葡萄酒：是以优良品质为基础追求杰出品质的葡萄酒，拥有特殊的复杂度和优秀的品格。葡萄酒的6大口感要素所能呈现出来的所有面向，在这一级别的酒中都会有良好的表现，特别是丰富性、层次感以及细致和风味的优雅，在村庄级和一等田的对比中便会深有体会。

　　一级田和特级田的差别在于精细酒质中那卓越的深度和复杂度，以及柔和回甘的完善口感。

　　关于酒质的精细、丹宁的细致，如果用瓷器来比较的话，大区级就像餐馆所用的瓷器，村庄级则是家用，一级田是工艺品，特级田则是艺术品。

　　特级田的葡萄酒：拥有杰出品质葡萄酒所具备的所有特质，一款葡萄酒所能给予的面向愈多，它的复杂性便愈高，只有特别杰出者以其卓越的复杂度和深刻性才能够达至非凡品质的最高等级。

　　葡萄酒爱好者都说喝到勃亘地葡萄酒是最高的境界，也是他们终极的目标，而其实勃亘地葡萄酒应该是品尝的开始。

　　很多人会把2款酒之间的差异看作是风格或个性的不同，而看不出矛盾，即品质的不同。对于葡萄酒的鉴赏而言，品质的判断才是最重要的。

　　风格是水平性的，没有上、下之别，即使新、老年份的酒也只是风味不同；品质则是垂直性的，有高、低之分。从勃亘地葡萄酒中我们可以学习到的就是品质的标准。勃亘地酒让人学习等级的差别，锻炼对香气、口感的感受，重要的是掌握品质的辨识力。山高月小、水落石出，喝懂了勃亘地酒，其他任何产区、任何品种、任何类型也只是"推之天地之间，皆无往而不利。"

※Domaine Drouhin-Laroze Bonnes Mares

※Gevrey-Chambertin

※Domaine Mongeard-Mugneret Bourgogne 2010

品酒笔记

Name of Wine 酒 名：Domaine Mongeard-Mugneret Bourgogne 2010	Date品尝日期：2012-08
Grape Varieties葡萄品种：黑皮诺	Price价 格：

Observations 观察 / Interpretation 阐述

色 Eyes

Color颜色：宝石红色　Rim边缘：浅红　Core中心：红　Depth深度：浅

Limpidity澄清度清澈浑浊 和 Brightness光泽度之明亮暗哑
Fluidity流动性之黏稠流畅 或 Bubbles呈泡性之大小多寡
Entirety整体表现之正确与否：品种、产地、类型、酒龄

进入的深褐黄色，光亮、黏稠

10Points扣分：0

香 Nose

First Nose第一印象：年轻红酒的香气，直白。
Primary Aroma & Bouquet主要的、典型的香气：果香、红莓等。
Flaws瑕疵香气：

香气判断

P.Jellinek 捷里聂克香气分类法

香气浓缩。

30Points扣分：2

味 Mouth

均衡 Balance

味道之均衡：结构感
酒质之表现：层次感
口感之充实：复杂度Ⓐ
口感表现：
酸度、酒体、涩度之关系：收敛性
涩度、酒精、甜度之关系：柔和性
甜度、余味、酸度之关系：完善性
酒体之质感：粗糙、沙涩、细致、细腻、精细Ⓐ
风味之强度：强烈、阳刚、集中、生动、柔美
品种、产地、类型、酒龄于味道及口感之体现

口感结构图

酸甜明断，平衡佳，简单，特征明显。

35Points加分：0

格 Comment

Evaluate整体评价

整体的表现力：
风格的呈现：特征
酒质的表现：质量
色香味的完整性：圆满度
激发情感的能力
喜欢与否

产地特色明断的酒。

15Points扣分：0

Rating等级：C B AAA　Score得分：　Signature签名：KU

※Domaine Mongeard-Mugneret Fixin 2007

品酒笔记

Name of Wine 酒　　名：Domaine Mongeard-Mugneret Fixin 2007	Date 品尝日期：2012-08
Grape Varieties 葡萄品种：黑皮诺	Price 价　格：

	Observations 观察	Interpretation 阐述

色 Eyes

Color 颜色：石榴红色	Rim 边缘：浅红	Core 中心：红	Depth 深度：浅

Limpidity 澄清度之清澈浑浊　和　Brightness 光泽度之明亮暗哑 ● ○ ○ ○ (3 -2 -1)

Fluidity 流动性之黏稠流畅　或　Bubbles 呈泡性之大小多寡 ● ○ ○ ○ (3 -2 -1)

Entirety 整体表现之正确与否：品种、产地、类型、酒龄 ● ○ ○ ○ (-4 -3 -2 -1)

迷人的深樱黄色. 光亮、粘稠.

10 Points 扣分：0

香 Nose

First Nose 第一印象	香气馥郁.
Primary Aroma & Bouquet 主要的、典型的香气	花香、果香为主.
Flaws 瑕疵香气	

P.Jellinek 捷里聂克香气分类法

香气判断

纯净度：雅正、干净、邪杂、差劣 ● ○ ○ ○ ○ (5 4 -3 -2 -1)

浓郁度：强烈、丰富、简单、纤弱 ● ○ ○ ○ ○ (5 4 -3 -2 -1)

刺激性：刺鼻、刺激、温和、柔和 ● ○ ○ ○ ○ (5 4 -3 -2 -1)

愉悦性：丰富、协调、愉悦、适意 ● ○ ○ ○ ○ (5 4 -3 -2 -1)

品种、产地类型、酒龄之整体表现B ● ○ ○ ○ ○ (5 4 -3 -2 -1)

静止、摇杯、空杯的变化及持续性B ● ○ ○ ○ ○ (5 4 -3 -2 -1)

香气浓郁有变化. 需时间表现出来.

30 Points 扣分：1

味 Mouth

均衡 Balance

味道之均衡：结构感 ● ○ ○ ○ ○ (5 4 -3 -2 -1)

酒质之表现：层次感 ● ○ ○ ○ ○ (5 4 -3 -2 -1)

口感之充实：复杂度A ● ○ ○ ○ ○ (5 4 -3 -2 -1)

余味

口感结构图

口感表现		
酸度、酒体、湿度之关系：收敛性		● ○ ○ ○ ○ (5 4 -3 -2 -1)
湿度、酒精、甜度之关系：柔和性		● ○ ○ ○ ○ (5 4 -3 -2 -1)
细度、余味、酸度之关系：完善性		● ○ ○ ○ ○ (5 4 -3 -2 -1)
酒体之质感：粗糙、沙质、细致、细腻、精细A		● ○ ○ ○ ○ (5 4 -3 -2 -1)
风味之强度：强烈、阳刚、集中、生动、柔美		● ○ ○ ○ ○ (5 4 -3 -2 -1)
品种、产地、类型、酒龄于味道与口感之体现		● ○ ○ ○ ○ (5 4 -3 -2 -1)

口感丰富, 新鲜活泼, 结构感强, 丹宁欠精细.

45 Points 扣分：9

格 Comment

Evaluate 整体评价			
整体的表现力	风格的呈现：特征	● ○ ○ ○ (3 -2 -1)	激发情感的能力 ● ○ ○ ○ (3 -2 -1)
	品质的表现：质量	● ○ ○ ○ (3 -2 -1)	
	色香味的完整性：圆满度	● ○ ○ ○ (3 -2 -1)	喜欢与否

性价比之选.

15 Points 扣分：0

Rating 等级：C+ B+ AAA+-	Score 得分：8⊟0	Signature 签名：KU

※Domaine Mongeard-Mugneret Vougeot ler Cru Les Cras 2007

品酒笔记

Name of Wine 酒　名：Domaine Mongeard-Mugneret Vougeot 1er Cru Les Cras 2007	Date品尝日期：2012-08
Grape Varieties葡萄品种：黑皮诺	Price价　格：

Observations 观察	Interpretation 阐述

色 Eyes

Color颜色：草莓红	Rim边缘：浅红	Core中心：红	Depth深度：浅	

Limpidity澄清度清澈浑浊　　和　Brightness光泽度之明亮暗哑

Fluidity流动性之黏稠流畅　　或　Bubbles呈泡性之大小多寡

Entirety整体表现之正确与否：品种、产地、类型、酒龄

10Points扣分：0

迷人的深樱黄色，
光亮，粘稠

香 Nose

First Nose第一印象	果味足。
Primary Aroma & Bouquet 主要的、典型的香气	花香、覆盆子、莓果等。
	优雅的香气。
Flaws瑕疵香气	

香气判断

P.Jellinek 捷里聂克香气分类法

30Points扣分：0

优雅、精致的香气，典型。

味 Mouth

均衡
Balance

味道之均衡：结构感

酒质之表现：层次感

口感之充实：复杂度Ⓐ

口感表现
酸度、酒体、湿度之关系：收敛性
湿度、酒精、甜度之关系：柔和性
甜度、余味、酸度之关系：完善性
酒体之质感：粗糙、沙质、细致、细腻、精细Ⓐ
风味之强度：强烈、阳刚、集中、生动、柔美
品种、产地、类型、酒龄于味道与口感之体现

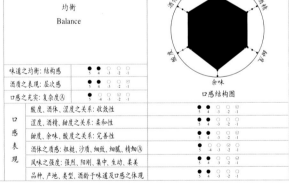

口感结构图

45Points扣分：8

酸甜清晰，均衡，粉甜讨喜，余味佳。

格 Comment

Evaluate整体评价

整体的表现力	风格的呈现：特征	激发情感的能力
	品质的表现：质量	喜欢与否
	色香味的完整性：圆满度	

15Points扣分：0

优雅的酒叔。

Rating等级：C B AAA	Score得分：	Signature签名：KU

※Domaine Mongeard-Mugneret Échezeaux Grand Cru 2007

品酒笔记

Name of Wine 酒　名：Domaine Mongeard-Mugneret Échezeaux Grand Cru 2007	Date品尝日期：2012-08
Grape Varieties葡萄品种：黑皮诺	Price价　格：

Observations 观察　｜　Interpretation 阐述

色 Eyes

Color颜色：樱桃红色	Rim边缘：浅红	Core中心：红	Depth深度：浅

Limpidity澄清度清澈浑浊　和　Brightness光泽度之明亮暗哑	● ○ ○ ○ 3 -2 -1
Fluidity流动性之黏稠流畅　或　Bubbles呈泡性之大小多寡	● ○ ○ ○ 3 -2 -1
Entirety整体表现之正确与否：品种、产地、类型、酒龄	● ○ ○ 4 -3 -2

阐述：迷人的深褐黄色，光亮、黏稠

10Points扣分：0

香 Nose

First Nose第一印象	花香、果味足、优雅。
Primary Aroma & Bouquet 主要的、典型的香气	樱桃、玫瑰、覆盆子等。
Flaws瑕疵香气	

香气判断

纯净度：雅正、干净、邪杂、差劣	● ● ○ ○ ○ 5 4 -3 -2 -1
浓郁度：强烈、丰富、简单、纤弱	● ● ○ ○ ○ 5 4 -3 -2 -1
刺激性：刺鼻、刺激、温和、柔和	● ● ○ ○ ○ 5 4 -3 -2 -1
愉悦性：丰富、协调、愉悦、适意	● ● ○ ○ ○ 5 4 -3 -2 -1
品种、产地类型、酒龄之整体表现⑧	● ● ○ ○ ○ 5 4 -3 -2 -1
静止、摇杯、空杯的变化及持续性⑧	● ● ○ ○ ○ 5 4 -3 -2 -1

P.Jellinek 捷里聂克香气分类法

香气极佳，表现良好，持久富变化。

30Points扣分：0

味 Mouth

均衡 Balance

味道之均衡：结构感	● ● ○ ○ ○ 5 4 -3 -2 -1
酒质之表现：层次感	● ● ○ ○ ○ 5 4 -3 -2 -1
口感之充实：复杂度Ⓐ	● ○ ○ ○ ○ 5 -4 -3 -2 -1

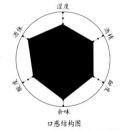

口感结构图

口感表现

酸度、酒体、湿度之关系：收敛性	● ● ○ ○ ○ 5 4 -3 -2 -1
湿度、酒精、甜度之关系：柔和性	● ● ○ ○ ○ 5 4 -3 -2 -1
甜度、余味、酸度之关系：完善性	● ● ○ ○ ○ 5 4 -3 -2 -1
酒体之质感：粗糙、沙质、细致、细腻、精细Ⓐ	● ● ○ ○ ○ 5 4 -3 -2 -1
风味之强度：强烈、阳刚、集中、生动、柔美	● ● ○ ○ ○ 5 4 -3 -2 -1
品种、产地、类型、酒龄于味道及口感之体现	● ● ○ ○ ○ 5 4 -3 -2 -1

细致、甜美、紧奏、有表现力。陈年后将有更好的表现。

45Points扣分：6

格 Comment

Evaluate整体评价

整体的表现力	风格的呈现：特征	● ○ ○ 3 -2 -1	激发情感的能力	● ○ ○ 3 -2 -1
	品质的表现：质量	● ○ ○ 3 -2 -1	喜欢与否	● ○ ○ 3 -2 -1
	色香味的完整性：圆满度	● ○ ○ 3 -2 -1		

甜美的酒。

15Points扣分：0

Rating等级：C⁺ B⁺ AAA⁺⁻　　Score得分：⑧⑧　　Signature签名：KU

※Bruno Colin Chassagn-Montrachet Premier Cru Morgeot 2009

品酒笔记

Name of Wine 酒　　名：Bruno Colin Chassagne-Montrachet Premier Cru Morgeot 2009	Date 品尝日期：2012-12
Grape Varieties 葡萄品种：霞多丽	Price 价　　格：

	Observations 观察	Interpretation 阐述

色
Eyes

Color 颜色：浅黄　Rim 边缘：水边窄，带金边　Core 中心：金色光泽　Depth 深度：中度

Limpidity 澄清度 清澈浑浊　和　Brightness 光泽度之明亮暗哑　● 0 -1 -2 -3
Fluidity 流动性之黏稠流畅　或　Bubbles 呈泡性之大小多寡　● 0 -1 -2 -3
Entirety 整体表现之正确与否：品种、产地、类型、酒龄　0 -1 -2 -3 -4

10Points 扣分：0

进人的深褐黄色，光亮，黏稠

香
Nose

First Nose 第一印象	橡木桶的影响明显。
Primary Aroma & Bouquet 主要的、典型的香气	花香、水果、烤面包、橡木桶等。
Flaws 瑕疵香气	

香气判断

纯净度：雅正、干净、邪杂、差劣　● ● 0 -1 -2 -3
浓郁度：强烈、丰富、简单、纤弱　● ● 0 -1 -2 -3
刺激性：刺鼻、刺激、温和、柔和　● ● 0 -1 -2 -3
愉悦性：丰富、协调、愉悦、适意　● ● 0 -1 -2 -3
品种、产地类型、酒龄之整体表现Ⓑ　● ● 0 -1 -2 -3
静止、摇杯、空杯的变化及持续性Ⓑ　5 4 3 -2 -1

P.Jellinek 捷里聂克香气分类法

30Points 扣分：0

香气很舒服，橡木桶的影响明显，愉悦、进人。

味
Mouth

均衡
Balance

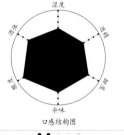

口感结构图

味道之均衡：结构感　● ● 0 -1 -2 -3　(5 4 3 -2 -1)
酒质之表现：层次感　● 0 -1 -2 -3
口感之充实：复杂度Ⓐ　● 0 -1 -2 -3

口感表现

酸度、酒体、涩度之关系：收敛性　● ● 0 -1 -2 -3
涩度、酒精、甜度之关系：柔和性　● ● 0 -1 -2 -3
甜度、余味、酸度之关系：完善性　● ● 0 -1 -2 -3
酒体之质感：粗糙、沙哑、细致、细腻、精细Ⓐ　● ● 0 -1 -2 -3
风味之强度：强烈、阳刚、集中、生动、柔美　● ● 0 -1 -2 -3
品种、产地、类型、酒龄于味道及口感之体现　5 4 3 -2 -1

45Points 扣分：5

口感佳，结构明断，饱满、精细、顺滑，有一点点不易觉察的苦蒌，空口留香。

格
Comment

Evaluate 整体评价

整体的表现力
风格的呈现：特征　● 0 -1 -2 -3
品质的表现：质量　● 0 -1 -2 -3
色香味的完整性：圆满度　● 0 -1 -2 -3

激发情感的能力　● 0 -1 -2 -3
喜欢与否　● 0 -1 -2 -3

15Points 扣分：0

极佳的一款园，印象深刻。

Rating 等级：C B AAA　Score 得分：[99]　Signature 签名：KU

※Marc COLIN Bâtard-Montrachet Grand Cru 2002

品酒笔记

Name of Wine 酒　　名：Marc COLIN Bâtard-Montrachet Grand Cru 2002	Date 品尝日期：2012-12
Grape Varieties 葡萄品种：霞多丽	Price 价　格：

Observations 现察	Interpretation 阐述

色 Eyes

| Color 颜色：颜色稍深带黄 | Rim 边缘：淡黄水边 | Core 中心：稍深黄色 | Depth 深度：深 |

Limpidity 澄清度之清澈浑浊 和 Brightness 光泽度之明亮暗哑		
Fluidity 流动性之黏稠流畅 或 Bubbles 呈泡性之大小多寡		
Entirety 整体表现之正确与否：品种、产地、类型、酒龄		

稍深黄色，有光泽。

10Points 扣分：0

香 Nose

First Nose 第一印象	勃豆地白酒的典型风味。
Primary Aroma & Bouquet 主要的、典型的香气	香气古典，有些草本植物、饼干、杏仁的香气。
Flaws 瑕疵香气	

香气都有变化，因为人多没能慢慢闻到香气最好的表现。

香气判断

纯净度：雅正、干净、邪杂、差劣
浓郁度：强烈、丰富、简单、纤弱
刺激性：刺鼻、刺激、温和、柔和
愉悦性：丰富、协调、愉悦、适意
品种、产地类型、酒龄之整体表现⑧
静止、摇杯、空杯的变化及持续性⑨

P.Jellinek 捷里莱克香气分类法

30Points 扣分：0

味 Mouth

均衡
Balance

味道之均衡：结构感	
酒盾之表现：层次感	
口感之充实：复杂度Ⓐ	

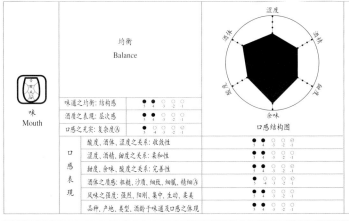

口感结构图

口 感 表 现	酸度、酒体、湿度之关系：收敛性
	湿度、酒精、甜度之关系：柔和性
	甜度、余味、酸度之关系：完善性
	酒体之质感：粗糙、沙哑、细致、细腻、精细Ⓐ
	风味之强度：强烈、阳刚、集中、生动、柔美
	品种、产地、类型、酒龄于味道及口感之体现

口感方面柔滑、细腻、油脂感，结构和层次俱佳，酒液入喉有一瞬间的停顿，然后舌上涌起一阵麻酥感，慢慢地，越来越强烈地，私过瘾！真是无可挑剔的复杂度啊。

45Points 扣分：4

格 Comment

Evaluate 整体评价

整体的表现力	风格的呈现：特征	
	品质的表现：质量	
	色香味的完整性：圆满度	

激发情感的能力	
喜欢 与否	

很棒的酒。

15Points 扣分：0

Rating 等级：C B **AAA**	Score 得分：	Signature 签名：KU

"帕克口味"对比"精细趣味"

　　葡萄酒品评系统中的各项标准、各种概念以及所指涉的范畴内涵，由于各人品饮经验与技术层次的落差，加上对葡萄酒的领悟和鉴赏观念的不同，就会出现不同的审美趣味与评价标准，往往会造成品评者之间的沟通障碍。

　　帕克的葡萄酒观念在葡萄酒评论领域内独领风骚，其定型于20世纪90年代末期，强调果香、浓郁、整体的感觉与感官的结构，100分的酒如他自己描述的是"圆润厚实"，而非"优雅细致"；对帕克来说，"完美"与"几近完美"的葡萄酒就像是"不甜的年份波特酒"，又或许接近感冒糖浆的口感。身为美国人的帕克注重口味强而大，讲究结构，于质感的精细、风味的优雅方面有所欠缺。

※埃菲尔铁塔

　　而作为葡萄酒最高成就的缔造者，法国人的美学传统一向高扬人性、个性、感性，崇尚一种"高级趣味"，强调对美好事物即让我们喜悦的东西保持鉴赏力。法国的大数学家、哲学家巴斯卡（Blaise Pascal，1623-1662）在其《思想录》中写道："喜悦以及美都有一定的典型"，"我们的天性与我们喜悦的事物两者之间的一定关系"，就是说以使我们喜悦以及美的典型为标准来划分趣味的高下。

※ 葡萄

这或许就是波尔多人要为葡萄酒设立分级制度、勃艮地人要为葡萄田划分等级的哲学和美学上的根源——建立典型，以追求喜悦以及美。

巴斯卡之后，法国教父鲍尔（D.Bouhours，1628-1702）在其著作中引入了一个术语Délicatesse，来自拉丁语，本意是"适意、甘美、高雅、精细、幸福、快乐"等，后来法语译作"精巧细致"之义，未全部传达出此一词语的内涵。在16~17世纪这个术语在美学上曾起过重要的作用，德国哲学家鲍姆勒（Alfred Baeumler）称这一时期为美学上的Délicatesse时代，认为有一种Délicatesse美学。对于这一词语鲍尔用了一个短句来解释，那就是"je na sais quoi"：非我所知、难以言传之义。这一词语后来成为了美学上的固定用语，其意义是指与事物外在的美相对的内在的秀美。

在法国学习、写作、定居过的英国哲学家休谟（David Hume，1711-1776）认为，审美趣味的差异来源于个人气质的不同和当时的习俗与观念。

就葡萄酒鉴赏而言，这一点倒是在帕克身上体现出来，很多其他酒评家认为帕克能够欣赏波尔多风格的酒、罗纳河谷风格的酒、加利福尼亚州风格的酒，但是对勃艮地葡萄酒的鉴赏则力有不逮。

休谟说："在鉴赏方面最好是培养比较精细的趣味的敏感性。"

※酒瓶陈年

这种精细的感受力，恰是可以在勃艮地葡萄酒的一级田和特级田的比较中感受到并习而得之。大多数的一级田口感都是细致的，却未达到精细的程度，也就是说精细度对一级田来说还是可以力致的，而在特级田，精细度则是浑然天成，复杂度才难。

和其他酒类相较，葡萄酒的典型性和特殊性就在于酸甜关系。酸甜杂众好，中有至味永。风味之充实，体现了葡萄酒的丰富性，复杂度则是丰富性的最高体现。虽然许多酒款在酒体强度与风味复杂度之间都呈现正比关系，然而风味复杂度与酒体强度之间没有必然的联系，亦即一款酒可以同时具备口感轻盈与风味复杂2项特点，这恰是勃艮地特级田教给我们的。

※酒窖

　　复杂度成为审美标准的原因有二：人类心灵普遍偏好复杂的事物更胜于单纯的事物；发酵过后的酒液风味必然比发酵前的原汁更丰富，这是酒精饮料普遍的特征。

　　关于一款酒复杂度的判断包括嗅觉与味觉两个方面，即香气的复杂和口感的复杂；并有两个层面，即在风味表现力上的复杂度和葡萄酒本身内涵物的复杂度。一款卓越完美的葡萄酒正是有着复杂内涵物的葡萄酒。

　　很多人会将酒精的刺激性误认为复杂度，其实酒精感是向内的对两颊、向下的对舌面的刺激，而内涵物丰富的复杂度却是在酒液咽下或吐出之后，舌面稍稍归于沉寂，随后会涌出一阵向上的膨发、跃动、活泼感，也会在余味中于舌面表现出来，感受得到。

　　一款完美葡萄酒的特质包括精细度、复杂度和完善性，这正是勃艮地特级田葡萄酒能够教给我们的。

　　人们一般认为，白酒要比红酒简单，但是，虽然不含丹宁成分，勃艮地特级田白酒在精细的风味和复杂口感方面却一点也不比最好的红酒差。

※葡萄园

并非浓重的酒才复杂，并非精细的酒就不丰富。勃艮地的红、白酒的卓越品质恰恰可以让人体会到越精细越馥郁、越精致越丰腴是一种怎样的感官感受。

我们在实践中一定要熟知这些词在品鉴中的使用规则，他们都具有感官褒扬的属性，这样在我们使用这些词时才能轻易地理解。

当然，口味是有社会性的，或者说体制性，"好"与"不好"与当时的流行、风尚、趣味相关，历史上的好酒一定不是今天的口味，今天的口味也并非不会改变，明天的风尚也会有明日的印记。

抵达之谜：葡萄酒的陈年

酒真的会"死"么？当然，酒也有它的保质期和生命的周期。

酒精度高的酒保质期很长，如中国白酒、白兰地、威士忌等蒸馏酒，酿造出来以后要经贮藏等其老熟，让酒中的成分随着时间自然的改善，直到香味变得浓郁、口感变得圆润、酒质协调稳定，才装瓶出售，在瓶中酒质几乎不会再发生改变，除了非常缓慢的酒精和水的分子排列会发生变化，缔合形成大分子，减小了活跃度和对味觉的刺激度。人们常说陈年旧酒更醇和圆润就是这个道理。

葡萄酒是酿制酒，也是唯一的碱性酒类，除了水和酒精还有很多其他成分，从葡萄本身萃取以及酿

※La Motte Chevalier

制过程中会产生糖类、酸类、醇类、醛类、多酚类等微量物质，比例虽少，却决定着酒的色香味、典型风格和陈年的能力。酿造出来也要经过数月的贮存陈酿才装瓶，质量好的需一两年的时间，甚至贮存十数年的也有，酿酒厂都有各自的传统和经验，

※旧年份葡萄酒

最恰当的贮藏、装瓶时间皆有自己的坚持。

在瓶中微氧甚至无氧的情况下，除了酒精和水分子的缔合，其他微量物质也会作用发生聚合、缔合、氧化还原等反应，过程缓慢，因此储藏的时间、贮存的环境条件对酒质的稳定性都有影响，所以说葡萄酒是有生命的酒，有它自己的生命周期和生老病死的过程，甚至每一瓶也都有独立的命运曲线。

从酝酿、诞生、年轻时候的青涩难以入口，到成长、成熟后的香气四溢、口感丰富和谐，然后自高峰滑落，香气消散、口感枯竭，之后死亡。顶级好酒中间甚至还有一个收敛、沉睡、再度复苏的阶段。

当工艺设备、酿造技术等外在的条件大同小异，决定酒的好坏的因素便在于是否能种出好的葡萄来了，因为只有好的葡萄才能够提供足够的微量物质给酒在生命过程中消耗，好的酒陈年之后能够提供更高层次的色香味和口感享受的关键便在于此。

世界上大多数的干白、桃红酒、气泡酒都适合在浅龄时饮用，陈年只会让它们失去新鲜的特性；一般的红酒最好在装瓶后的3~5年间饮用；只有比例很少的顶级佳酿才需要陈年，如勃艮地的顶级白酒则需要陈年10年甚至更久，才能表现出了不起的风味来；像赤霞珠、色拉子、内比欧露等

※好葡萄才能酿出美酒

葡萄酿成的最高级别的酒，都需要陈年转化才能够展现出最佳特色来；而黑皮诺丹宁成分低、年轻时已经非常优秀而且容易入口，让人不敢想象它的陈年能力以及更上一层楼的可能，结果常常都被开早了，吾辈只能徒呼奈何，陈年之后的黑皮诺才是登峰造极！甜白酒、加烈酒则大多都需要陈年才能发展出更复杂的味道来，这类酒也是世界上寿命最长的酒，保存条件适宜的话百年以后仍然可以饮用。

年轻风味的葡萄酒和陈年之后的葡萄酒哪个更好？这一定是个具争议性的话题。

品尝年轻酒的乐趣在于辨别，包括品种、产地、风格、潜质；品饮陈年酒的乐趣则在于鉴赏，看它的发展、变化、丰富性、完成度。

当然，并不是每个人都喜欢葡萄酒的陈年风味，这是毋需争论的品味问题。另一个原因就是，对于陈年葡萄酒的风味到底是怎样的，并没有一个共识。怎样的香气和口感算是陈年风味？有开始、过程、高峰以及衰退期么？——最佳的时刻就是此时了！有这样的一个最佳风味的时刻么？标准呢？又由谁执掌发言权？

葡萄酒的"抵达之谜"，是葡萄酒爱好者、酒评家、收藏家、庄主和酿酒师之间永恒存在的争议话题。

在人类的认知概念中，感官感受到的外界之刺激都具有相对的性质，尖、利的形状，快、猛的状态，大、中的体积，粗、糙的表面，坚、硬的结构，少、壮的性状等都属于具有伤害的特性，在人类的本能中这些都是避之则吉的刺激特征；相反，圆、钝的形状，慢、缓的状态，小、巧的体积，光、润的表面，柔、软的结构，老、熟的性状等则属安全的刺激范畴，令人可亲近。人类感官对刺激的反应具有一定阈值，刺激量小意识会忽略之；刺激量大超过感觉阈值上限，意识会感觉其为"害"；唯有在感觉阈值认可之承受范围内的刺激，意识会感觉其为"利"。人之为人并形成意识正是始于对这种利害关系的感应。

基于人类通感共鸣的特征，毋容置疑，年轻的葡萄酒刺激感会强一些，风味浓郁，个性鲜明；陈年后的葡萄酒感官的刺激减弱了，却更实在，口味趋于平淡，但更充实。苏东坡这样教后辈作文："少小时须令气象峥嵘，彩色绚烂，渐老渐熟，乃造平淡，其实不是平淡，绚烂之极也！"作酒亦复如是。酒喝下去，静候身体的反应，固然有酒精作用的结果，但感官的体味亦会完善人格的领悟。

※Vosne-Romanée 1973

陈年之酒的绵、软、缓、钝，就是渐老渐熟的表现，正如上佳之茶，最后的口感追求不过顺滑、回甘耳。甘，美也，从口含一；一，道也。顺滑者非顺流而下、轻轻滑滑，而是圆融浑厚，藏锋敛锷。

有利者为美，正是茶之醇、酒之美最好的体现。

第六节　比较：葡萄酒的学习方法

※开瓶

葡萄酒的1、2、3

1杯酒：你可以学习如何品葡萄酒，色、香、味、格在一杯酒中都可以体现出来。

2杯酒：你可以学习何谓好葡萄酒，有比较才有鉴别。

3杯酒：你可以学习什么是葡萄酒，颜色分红、白、粉红，形态分静态、气泡、加烈，级别分普通的地区餐酒、优良的保护地区餐酒、高端的法定保护产区酒。

葡萄酒一定要比较来喝，从1杯酒中只是学到怎么品酒，2杯酒才可以学会什么是好酒。同样，对葡萄酒而言，一个人只是喝酒，和他人一起喝才叫品酒。从不同产区、不同品种、不同酿造者的葡萄酒中，你喝到的是不同酒的个性和特征；比较不同产区、不同品种代表性的酒款，可以学习风格的差异；比较同一产区、不同级别的酒款，可以学习品质的差异。

品质与风格，葡萄酒之法度也，了然于口，成竹于胸，然后得之。就像康德所说的鉴赏判断一样，只有通过"比较"，才会改善鉴赏力，才会将个人的感性反映提升至具有普遍性的高级趣味。

品酒杯

法国国家原产地名称管理局（INAO）于1974年推出了一款标准化的品酒杯（如右图），后来被广泛地用于世界各地的各类品酒会、葡萄酒大赛上。

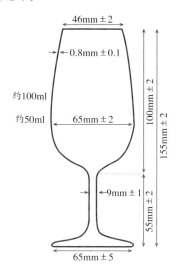

很多酒杯品牌公司也都推出各类的品酒杯，就品酒而言更适用以下2款：

但是很多品牌公司对品酒杯是各有理论，以下杯型比较普遍：

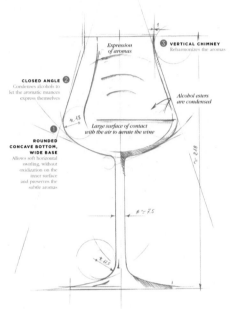

这款品酒杯可用于红、白酒甚至香槟，色香味格俱佳：

※葡萄酒杯

品尝方式

葡萄酒的品尝有横向和纵向两种方式。

🍷 横向

可以品种葡萄酒作为主题，选择不同产地的不同品种的酒、同一产地的不同品种的酒、不同产地的相同品种的酒、同一产地的相同品种的酒等，通过比较可以学习不同品种葡萄酒的个性特征。以产地葡萄酒作为主题的话，可以选择不同产地的不同类型的酒、相同产地的不同类型的酒、不同产地的相同类型的酒、相同产地的相同类型的酒，通过比较可以学习不同产地葡萄酒的个性特征。

🍷 纵向

可以不同等级的酒来比较，学习品质的差别；或以不同年份的酒来比较，学习年份的差别。纵向比较学会的是品质和陈年能力的判断。

品尝准备

建立品尝小组

　　无论是学习还是品评葡萄酒，建立小组非常重要，一个人只是练习，一个人的品尝是感官的鉴赏，乃个人经验；几个志同道合者组成小组一起学习、一起品尝、一起作出评价，才具有社会性，这才是康德所说的反思性鉴赏。

　　另外，一瓶酒最常见的容量为750毫升，一个人即使是开一瓶也不符合经济原则，而且葡萄酒本就是酿出来给人分享的。

　　对于大多数的品尝而言，一次25~35毫升的酒量是正常而且可取的，长时间、仔细的品尝则需要50~70毫升的酒量。

※Château Pichon-Longueville-Baron

　　葡萄酒打开之后是会发生变化的，所以为了能够全面地了解和品评一款酒的真实品质，你需要在刚开瓶时品鉴一次，等待一段时间如1小时或者2小时让酒液和空气接触之后再品鉴一次。

　　基于以上原因，一瓶酒可分2轮品尝，品尝小组最好由5~10人组成，每次品尝的酒款也在6~10款之间，叫做"共饮会"也好、还是"品酒骑士团"也罢，以蒙瓶试饮的方式进行品评。

环境

　　环境需安静、无异味、光线自然而良好，环境的温度和相对湿度也很重要，太热、太冷都不好，23.5摄氏度左右，湿度在60%~70%，因为只有在一定的湿度下，气味物质才会挥发，我们的嗅觉也才能运作良好。

次序

很多书籍或课程教人品酒，说是品尝的次序一定要从白到红、从淡到浓、再到加烈酒，白葡萄酒按含糖量从低到高、红葡萄酒按酒体从轻到重，甚至从香气的轻浓、丹宁含量的多少、酒精度数的轻浓，最好都是从低到高递增品尝。这一顺序是基于这样一种说法：如果先品了味道浓郁的酒就再品不出味道轻淡的酒的滋味了。可是，说到年份又说要从新年份到老年份依次品尝。

想想我们自己在饭桌上的经验，是不是吃了辣的菜式之后就吃不出下一道菜的味道了呢？喝了烈酒后整桌的菜就味同嚼蜡？事实是，我们的感官并没有那么脆弱！纸上谈兵总是经不起现实的推敲，这些所谓的理论只是试一下就可以完全地将它推翻。

其实，只要了解我们感官的特性、运作机理，扬长避短，将嗅觉、味觉、口感保持在品尝状态就好，品尝时先后的次序就不是那么重要了。

※品酒的先后顺序并非如此重要

温度问题

葡萄酒品尝时要遵循温度从低到高的原则，香槟或气泡酒一般在4～8摄氏度饮用，有利于气泡缓慢、稳定地释放，低温令气泡保持小幅增加，从而增添了二氧化碳的针刺感，令口腔感觉更清爽；甜白葡萄酒的饮用温度在8～10摄氏度，会稍微降低一些过甜的腻感；干白葡萄酒一般在10～12摄氏度，酸度会更鲜爽，但是勃艮地特级园或者一些老年份的干白，在接近20摄氏度的时候才会有更好的表现；桃红酒或者薄酒莱新酒在15摄氏度左右时口感最佳；红葡萄酒的品尝温度在18～25摄氏度为佳。

当然这只是"理论"，其实大多时候、大多数的酒都是在远高于理论温度的时候让人们喝了，而且最佳香气和口感表现也不是在理论温度下才达到的。

温度低会抑制气味物质的挥发，所以有时候一些酒低温时可能感觉较好，因为不愉悦的味道没散发出来，一些酒低温时则失去了它的香气，这时候让它在杯里回温就好。

温度对味觉也有明显的作用，低温可以降低味觉对糖的感知，增加对酸味的感知，这也是甜酒在温度稍低的情况下口感更平衡的原因。而且低

※温度对品酒有明显影响

温本身就会令我们的口腔有一种清爽的感觉，甚至也会带来甜的感觉。温度太高则会降低对苦味和收敛性的感知，因此红酒的饮用温度可以稍高但又不能太高。

很多葡萄酒爱好者迷信于"醒酒"的步骤以及酒的饮用温度，已经到了过于执着的地步。其实葡萄酒的最佳饮用温度说的都是入口时的温度，我们知道环境对一杯酒温差的改变是非常快速的，特别是低温的酒倒进杯中就会开始升温，更别说入口之后。一瓶最佳饮用温度是8摄氏度的酒，你能够保持在8摄氏度的时候闻它、8摄氏度的时候喝它、8摄氏度的品它、8摄氏度的时候咽下去？品酒不是一个瞬间而是一个过程，过程中温度一定是会变化的。

有研究表示，气味和嗅觉感知相适应的最佳温区在23～25摄氏度，这时候我们能够觉察到更多的气味物质。而且有研究显示，味觉是在30摄氏度左右才能够感知更多的味道，我们的味觉反应也不是瞬间发生的，酸、甜、苦、咸、辣、口感，是在一

※葡萄酒的最佳饮用温度大有学问

※冰镇葡萄酒

个时间段中次第产生感应，这也是为什么品酒需要让酒液在口腔保持12秒或以上的时间。

所以，葡萄酒的最佳饮用温度对喝酒者是一回事，对品酒者是另一回事，你可以在一个温度点去喝酒，但一定是在一个温度区间里去品酒。

🍷关于醒酒

所谓"醒酒"，最早只是"换瓶"而已，欧洲的酒窖湿度高，酒藏久了，瓶子上会附着灰尘和霉菌，喝的时候取出来，打开瓶塞或者用火钳从颈部掰开，将酒换到玻璃或水晶容器里，既美观又符合餐桌礼仪，而且酒陈年后还有酒渣，这样刚好也可以将酒液和沉淀分离。这个操作翻译作"滗酒"倒是贴切。后来发现酒刚倒出来会有不太好的味道，换了容器和空气接触一会儿之后才变得愉悦。这就是喝酒时候"醒酒"这个动作的来源。

※醒酒器

但我们说过品酒是一个过程，除非另有目的，否则不需要醒酒，就算换瓶也在品尝开始时进行。

进行品尝

品酒前要准备好相同规格的酒杯，做到干净而统一。将酒瓶遮住，写上编号，按次序地倒酒，每一杯的分量要一样。

同一时间开始个人的品尝，只是关心酒在杯中的表现，一定要记住的是：不要一开始就去猜测酒的信息，如品种、产地、酒庄等，这样很容易掉进先入为主的陷阱中。因为人的思维一旦形成决定，就只会去寻找有利于这个决定的线索，特别是嗅觉，更容易跟随心理和暗示的引导，甚至会闻出一些自己以为的却非真实存在的气味来，反而会忽略或屏蔽了酒传达出来的真正的信息。

我们的心态要保持平和，这只是品酒而已，不是考试也不是竞赛，不必感到有压力，要明白这是在品尝、享受葡萄酒，这是一种修为，一次品味的历程。你当然可以有自己喜欢的酒庄、欣赏的酿酒师、喜好的口味，但那是在平时喝酒时候的态度，品酒是鉴赏，酒在杯中要的是一种不关心的愉悦。

※蒙瓶试饮

　　所以，只是跟随感官就好，酒倒好，第1次不要摇杯，先按次序每一杯闻一下，先是杯面、再深入杯口，先浅闻、再深闻；然后回头从第1杯开始，摇杯、闻香、看颜色，让酒液在杯中静止一会儿，再次闻香，杯面、杯口、浅闻、深闻，每一款酒都重复同样的动作，同样的程度，此时可以记下嗅觉上的第一印象。然后再次从第1杯开始，摇杯、闻香，这一次开始入口品尝，捕捉酒在杯中呈现出来的面貌，包括颜色、香气、味道、口感等，刚开始甚至要刻意地不去发掘太多的信息，只是抓住第一印象，视觉的、嗅觉的、味觉的，一一记下来。然后忘掉这一杯，抹去香气、口感的记忆，清空感官从头品尝第2杯。如此这般，品完所有的酒款，都只是抓住第一印象。然后，让嗅觉、味觉休息一下，再从头开始，这一次可以慢慢地仔细地品尝，记下所有视觉的印象，写下能够闻出来的尽可能多的香气，慢慢品味、回味，以12秒为原则，即酒液在口中要保持12秒的品味时间才吐出或者咽下，之后再保持12秒以上的回味时间，然后进行口感分析，写下此时嗅觉、味觉的感受，对酒质和风格、特征与表现作出初步的判断。

※按顺序品每一杯葡萄酒

第一轮品尝完毕，把杯中的酒都清空，但杯子先不要撤走，保留一会儿，将所有的空杯再依次闻一遍，如果可能也记下感受。

之后，休息一会儿，这时候可以审视对每一杯酒的整体印象，互相比较，下一个暂时的结论，作出整体的一个评价，写下酒评，甚至可以给出分数。

第二轮，将酒款重新编号，打乱次序，抹去第一轮的所有印记，然后重复一次同样的品尝程序。

※品出葡萄酒的美

第二轮品酒时要保持归零的心态，无需刻意寻找和第一轮相同的酒款，当然也无需刻意地回避熟悉的感觉，只是按部就班地进行品评的步骤就好，看颜色、闻香气、品味道，记下印象，写下酒评，作出评价，给出分数。

※品酒后可以互相讨论

前文说过，葡萄酒文化是需要交流的，需要咀嚼它，需要谈论它，需要聆听别人的见解，因此两轮品尝完毕之后，大家可以进行讨论，第一轮的酒如何如何，可以猜测酒的信息，主持者甚至可以询问大家对每一瓶酒的评价以及身份的猜测，然后是第二轮的品尝印象，每个人都作一个配对，将第一轮和第二轮认为是相同酒款的编号写下来，品种、产地甚至酒庄的猜测也都记下。

然后，揭晓答案，所有的酒款以及每一轮的次序，看看谁是盲品专家！

但这并不是结束，最后也是最重要的：自己要做的功课是将两轮的品评结果作一个对比，作出综合分析和总结，给出最终的评价和评分。

经历过几次这样的品尝体验之后，你会发觉酒会

※Volcanic Hill

教你怎么去品尝它，怎么去学习它，哪种方式最好，何种方法最佳，这时候你就会发现要学习品酒，酒才是最好的导师。

在连续品评时有几个问题需要注意，都是来自嗅觉和味觉的一些特性：

顺序效应：有A、B两杯相同质量的酒，如果先品A酒再品B酒，会感觉A酒好，若先品B酒再品A酒，则认为B酒好，这种偏爱先品尝的那杯酒的现象叫做正的顺序效应，反之叫做负的顺序效应。

在品酒的实践中，要了解自己有无这类效应的发生，是在闻香时发生还是在品味时发生，及其轻重程度，然后在品酒时加以克服。

后效应：在品一种酒或一轮酒时，对这个酒或一轮酒中之一的某种香和味印象很深，会把这一印象带入了紧接的酒品中，这叫做后效应。如一款酒有一种特别的甜或者苦涩味重，这种印象甚至可以自上午的酒品带到下午，甚至第2天所品的酒里。所以品完一杯酒后，要打断一下嗅觉和味觉，清除印象和记忆，再品尝下一杯酒。

　　顺效应： 嗅觉和味觉，经过长时间连续刺激，会变得迟钝，甚至最后变得无感觉，这一现象叫做顺效应，即品什么酒都一样了。所以为了避免这种现象发生，每次所品的酒款不宜过多，要分组进行，保证一定间隔时间。

※ 葡萄园

※Domaine de la Janasse Châteauneuf-du-Pape 1985

品酒笔记

Name of Wine 酒　名：Domaine de la Janasse Châteauneuf-du-Pape 1985	Date 品尝日期：2012-11
Grape Varieties 葡萄品种：80%歌海娜，以及色拉子、幕维德尔等	Price 价　格：

	Observations 观察	Interpretation 阐述

色 Eyes

Color 颜色：砖红色	Rim 边缘：水边较阔	Core 中心：橙红	Depth 深度：浅

Limpidity 澄清度之清澈浑浊	和	Brightness 光泽度之明亮暗哑	● ○ ○ -3 -2 -1
Fluidity 流动性之黏稠流畅	或	Bubbles 呈泡性之大小多寡	● ○ ○ -3 -2 -1
Entirety 整体表现之正确与否：品种、产地、类型、酒龄			○ ○ ○ ○ -4 -3 -2 -1

阐述：橙红色，仍具光泽，有酒香，亮丽。

10Points 扣分：0

First Nose 第一印象	典型的老酒香、干净。
Primary Aroma & Bouquet 主要的、典型的香气	动物皮毛、皮革、蘑菇等。
	在杯中久了，果味清晰。
Flaws 瑕疵香气	

香 Nose

香气判断

纯净度：雅正、干净、邪杂、差劣	● ○ ○ ○ 5 4 -3 -2 -1
浓郁度：强烈、丰富、简单、纤弱	● ● ○ ○ ○ 5 4 -3 -2 -1
刺激性：刺鼻、刺激、温和、柔和	● ● ○ ○ ○ 5 4 -3 -2 -1
愉悦性：丰富、协调、愉悦、适意	● ○ ○ ○ 5 4 -3 -2 -1
品种、产地类型、酒龄之整体表现 B	● ○ ○ ○ 5 4 -3 -2 -1
静止、摇杯、空杯的变化及持续性 B	● ○ ○ ○ 5 4 -3 -2 -1

P.Jellinek 捷里聂克香气分类法

阐述：开瓶首先是动物皮毛、蘑菇的气息，老酒风味明显，而且没有任何不愉悦的气味。红色水果、松脂的香气都慢慢散发出来，很舒服、愉悦。

30Points 扣分：2

味 Mouth

均衡
Balance

味道之均衡：结构感	● ● ○ ○ ○ 5 4 -3 -2 -1
酒质之表现：层次感	● ● ○ ○ ○ 5 4 -3 -2 -1
口感之充实：复杂度 A	● ○ ○ ○ 5 4 -3 -2 -1

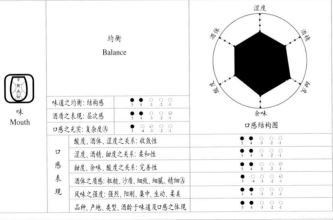

口感结构图

口感表现		
酸度、酒体、湿度之关系：收敛性	● ● ○ ○ 5 4 -3 -2 -1
湿度、酒精、甜度之关系：柔和性	● ● ○ ○ 5 4 -3 -2 -1
甜度、余味、酸度之关系：完善性	● ○ ○ ○ 5 4 -3 -2 -1
酒体之质感：粗糙、沙质、细致、细腻、精细 A	● ○ ○ ○ 5 4 -3 -2 -1
风味之强度：强烈、阳刚、集中、生动、柔美	● ● ○ ○ 5 4 -3 -2 -1
品种、产地、类型、酒龄于味道及口感之体现	● ○ ○ ○ 5 4 -3 -2 -1

阐述：酸度非常活泼、率真，给人红色水果的印象；结构感清晰，收敛性和湿感不强烈，但酒体紧实、风味集中。酸度贯穿始终，稍缺柔软感；余味舒适。很好喝，但在杯中久了，便开始走下坡，口感失却平衡。

45Points 扣分：6

格 Comment

Evaluate 整体评价		
整体的表现力	风格的呈现：特征	● ○ ○ -3 -2 -1
	酒质的表现：质量	● ○ ○ -3 -2 -1
	色香味的完整性：圆满度	● ○ ○ -3 -2 -1
	激发情感的能力	● ○ ○ -3 -2 -1
	喜欢与否	● ○ ○ -3 -2 -1

阐述：很好。

15Points 扣分：1

Rating 等级： C⁺ B⁺⁺ AAA⁺⁻	Score 得分：⊟⊟⊟	Signature 签名：*KU*

※Château de Beaucastel-Châteaureuf-du-Pape 2007

品酒笔记

Name of Wine 酒 名：Château de Beaucastel-Châteauneuf-du-Pape 2007	Date 品尝日期：2012-11
Grape Varieties 葡萄品种：莫斯卡丹、神索、古诺瓦姿、歌海娜、色拉子等。	Price 价 格：

	Observations 观察	Interpretation 阐述

色
Eyes

Color 颜色：黑红色	Rim 边缘：泛紫	Core 中心：深黑	Depth 深度：极深

Limpidity 澄清度之清澈浑浊 和 Brightness 光泽度之明亮暗哑
Fluidity 流动性之黏稠流畅 或 Bubbles 呈泡性之大小多寡
Entirety 整体表现之正确与否：品种、产地、类型、酒龄

10Points 扣分：0

深黑的色泽，边缘泛着紫色光泽，黏稠，挂杯漂亮。

香
Nose

First Nose 第一印象　果味浓郁，但有刺激性，酒精感稍强。

Primary Aroma & Bouquet
主要的、典型的香气　大量黑色水果、香料、胡椒、咖啡、甘草等香气。
橡木桶馥郁的香气亦明显。

Flaws 瑕疵香气

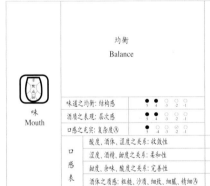

P.Jellinek 捷里聂克香气分类法

香气判断

纯净度：端正、干净、邪杂、差劣
浓郁度：强烈、丰富、简单、纤弱
刺激性：刺鼻、刺激、温和、柔和
愉悦性：丰富、协调、愉悦、适宜
品种、产地类型、酒龄之整体表现⑧
静止、摇杯、空杯的变化及持续性⑧

30Points 扣分：1

果味浓郁，唯酒精感稍强了些，水果、香料、胡椒等产区特征的香气明显，亲能察觉橡木桶的影响来，在杯中时间久了，墨水、松香、咖啡、甘草等香气也散发开来；香气丰富，有变化。

味
Mouth

均衡
Balance

味道之均衡：结构感
酒质之表现：层次感
口感之充实：复杂度Ⓐ

口感结构图

湿度
酒体　酒精
收敛　胡椒
余味

酸度、酒体、湿度之关系：收敛性
湿度、酒精、甜度之关系：柔和性
甜度、余味、酸度之关系：完善性
酒体之质感：粗糙、沙质、细致、细腻、精细Ⓐ
风味之强度：强烈、阳刚、集中、生动、柔美
品种、产地、类型、酒龄于味道及口感之体现

45Points 扣分：5

口感饱满、有力，结构感强，但不够清晰；酒体柔和，稍欠紧实，丹宁精细度亦不足。

格
Comment

Evaluate 整体评价

整体的表现力
　风格的呈现：特征
　酒质的表现：质量
　色香味的完整性：圆满度
激发情感的能力
喜欢与否

15Points 扣分：0

典型风格，表现力一流。

Rating 等级：Ⓒ⁺ⁿ Ⓑ⁺ⁿ AAA⁺ⁿ　　Score 得分：84　　Signature 签名：KU

※Jasper Hill Emîly's Paddock 2008

品酒笔记

Name of Wine 酒　名：Jasper Hill Emily's Paddock 2008	Date 品尝日期：2013-01
Grape Varieties 葡萄品种：95%色拉子和5%品丽珠	Price 价　格：

	Observations 观察	Interpretation 阐述

色
Eyes

Color 颜色：深红色	Rim 边缘：水边窄	Core 中心：黑	Depth 深度：深

| Limpidity 澄清度之清澈浑浊　和　Brightness 光泽度之明亮暗哑 |
| Fluidity 流动性之黏稠流畅　或　Bubbles 呈泡性之大小多寡 |
| Entirety 整体表现之正确与否：品种、产地、类型、酒龄 |

很深的色泽，通透。

10Points 扣分：0

香
Nose

First Nose 第一印象	果酱、葡萄干、薄荷等。
Primary Aroma & Bouquet 主要的、典型的香气	黑莓、黑加仑子等，橡木桶的影响明显。
Flaws 瑕疵香气	

香气判断

| 纯净度：雅正、干净、邪杂、差劣 |
| 浓郁度：强烈、丰富、简单、纤弱 |
| 刺激性：刺鼻、刺激、温和、柔和 |
| 愉悦性：丰富、协调、愉悦、适意 |
| 品种、产地类型，酒龄之整体表现⑧ |
| 静止、摇杯、空杯的变化及持续性⑧ |

P.Jellinek 捷里聂克香气分类法

是澳大利亚酒的香气很典型？还是色拉子葡萄的香气很典型？有时候分不清楚。那成了自己的风格，因为容易辨识，有时候又不知道是喜欢还是不喜欢了。

30Points 扣分：1

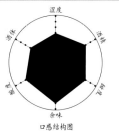

味
Mouth

均衡
Balance

| 味道之均衡：结构感 |
| 酒质之表现：层次感 |
| 口感之充实：复杂度Ⓐ |

口感结构图

口感表现	酸度、酒体、湿度之关系：收敛性
	湿度、酒精、细度之关系：柔和性
	细度、余味、酸度之关系：完善性
	酒体之质感：粗糙、沙质、细致、细腻、精细Ⓐ
	风味之强度：强烈、阳刚、集中、生动、柔美
	品种、产地、类型、酒龄于味道及口感之体现

甜美易饮的酒，丹宁紧实、风味集中，烟熏味、果署味突出，口香索然，欠缺深度。

45Points 扣分：8

格
Comment

Evaluate 整体评价

整体的表现力	风格的呈现：特征		激发情感的能力
	品质的表现：质量		
	色香味的完整性：圆满度		喜欢与否

讨喜的风格。

15Points 扣分：0

Rating 等级：C⁺ B⁺ AAA⁺	Score 得分：🔲🔲🔲	Signature 签名：KU

※Heitz Cellar Martha's Vineyard Cabernet Sauvignon 2005

品酒笔记

Name of Wine 酒　名：Heitz Cellar Martha's Vineyard Cabernet Sauvignon 2005	Date 品尝日期：2012-12
Grape Varieties 葡萄品种：赤霞珠	Price 价　格：

Observations 观察 / Interpretation 阐述

| Color 颜色：深红色 | Rim 边缘：水边窄 | Core 中心：黑 | Depth 深度：深 |

Limpidity 澄清度 清澈浑浊　和　Brightness 光泽度之明亮暗哑
Fluidity 流动性之黏稠流畅　或　Bubbles 呈泡性之大小多寡
Entirety 整体表现之正确与否：品种、产地、类型、酒龄

深色泛紫，有光泽。

10Points 扣分：0

色 Eyes

First Nose 第一印象　甜香，尤加利树等。
Primary Aroma & Bouquet 主要的、典型的香气　黑色水果、桑椹、葡萄干、甚至有点白兰地般的香气！
Flaws 瑕疵香气　甜的气息。

典型加利福尼亚州风味，雅郁而不丰富。

香气判断

纯净度：雅正、干净、邪杂、差劣
浓郁度：强烈、丰富、简单、纤弱
刺激性：刺鼻、刺激、温和、柔和
愉悦性：丰富、协调、愉悦、适意
品种、产地类型、酒龄之整体表现Ⓑ
静止、摇杯、空杯之变化及持续性Ⓑ

P.Jellinek 捷里聂克香气分类法

30Points 扣分：1

香 Nose

均衡 Balance

味道之均衡：结构感
酒质之表现：层次感
口感之充实：复杂度Ⓐ

口感结构图

酸度、酒体、湿度之关系：收敛性
湿度、酒精、甜度之关系：柔和性
甜度、余味、酸度之关系：完善性
酒体之质感：粗糙、沙质、细致、细腻、精细Ⓐ
风味之强度：强烈、阳刚、集中、生动、柔美
品种、产地、类型、酒龄于味道及口感之体现

口感甜、结构、层次均在，相比之下余味稍嫌糨佐。

45Points 扣分：7

味 Mouth

Evaluate 整体评价

整体的表现力	风格的呈现：特征	激发情感的能力
	品质的表现：质量	喜欢与否
	色香味的完整性：圆满度	

口感过于甜，难免产生腻味感。

15Points 扣分：2

格 Comment

Rating 等级： C⁻⁺ B⁻ AAA⁺⁻　Score 得分：80　Signature 签名：KU

※Malandra Malbec OAK 2010

品酒笔记

Name of Wine酒　名：Malandra Malbec OAK 2010	Date品尝日期：2013-01
Grape Varieties葡萄品种：马尔贝克	Price价　格：

Observations 观察 / Interpretation 阐述

色 Eyes

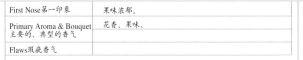

Color颜色：深红色	Rim边缘：红	Core中心：黑	Depth深度：深	深黑的色泽，光亮。
Limpidity澄清度清澈浑浊　和　Brightness光泽度之明亮暗哑			●3 ○-2 ○-1	
Fluidity流动性之黏稠流畅　或　Bubbles呈泡性之大小多寡			●3 ○-2 ○-1	
Entirety整体表现之正确与否：品种、产地、类型、酒龄			●4 ○-3 ○-2 ○-1	10Points扣分：0

香 Nose

First Nose第一印象	果味浓郁。	香气浓缩，未放开，但不错。
Primary Aroma & Bouquet 主要的、典型的香气	花香、果味。	
Flaws瑕疵香气		

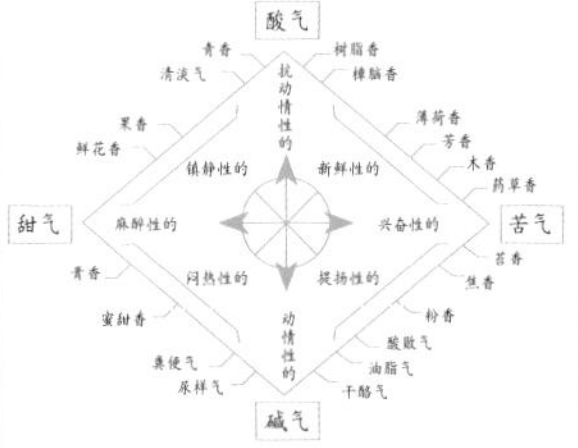

P.Jellinek 捷里聂克香气分类法

香气判断

纯净度：雅正、干净、邪杂、差劣	●5 ●4 ○-3 ○-2 ○-1
浓郁度：强烈、丰富、简单、纤弱	●5 ●4 ○-3 ○-2 ○-1
刺激性：刺鼻、刺激、温和、柔和	●5 ●4 ○-3 ○-2 ○-1
愉悦性：丰富、协调、愉悦、适意	●5 ●4 ○-3 ○-2 ○-1
品种、产地类型、酒龄之整体表现Ⓑ	●5 ●4 ○-3 ○-2 ○-1
静止、摇杯、空杯的变化及持续性Ⓑ	●5 ●4 ○-3 ○-2 ○-1

30Points扣分：4

味 Mouth

均衡 Balance

味道之均衡：结构感	●5 ●4 ○-3 ○-2 ○-1
酒质之表现：层次感	●5 ●4 ○-3 ○-2 ○-1
口感之充实：复杂度Ⓐ	●5 ○4 ○-3 ○-2 ○-1

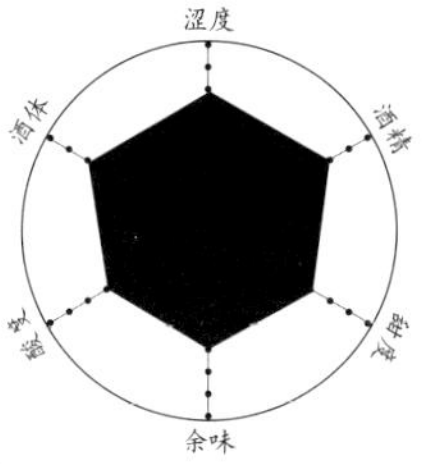

口感结构图

口感表现		
	酸度、酒体、涩度之关系：收敛性	●5 ●4 ○-3 ○-2 ○-1
	涩度、酒精、甜度之关系：柔和性	●5 ●4 ○-3 ○-2 ○-1
	甜度、余味、酸度之关系：完善性	●5 ●4 ○-3 ○-2 ○-1
	酒体之质感：粗糙、沙质、细致、细腻、精细Ⓐ	●5 ○4 ○-3 ○-2 ○-1
	风味之强度：强烈、阳刚、集中、生动、柔美	●5 ●4 ○-3 ○-2 ○-1
	品种、产地、类型、酒龄于味道及口感之体现	●5 ●4 ○-3 ○-2 ○-1

反映出阿根廷酒的特点，平衡不错，虽然风味平淡，回味短促。

35Points扣分：4
10Points加分：3

格 Comment

Evaluate整体评价

整体的表现力	风格的呈现：特征	●3 ○-2 ○-1	激发情感的能力	●3 ○-2 ○-1
	品质的表现：质量	●3 ○-2 ○-1	喜欢与否	●3 ○-2 ○-1
	色香味的完整性：圆满度	●3 ○-2 ○-1		

简单易饮，市场会喜欢的一款酒。

15Points扣分：2

Rating等级：C+- B+- AAA+-　Score得分：88　Signature签名：KU

※Casa Lapostolle Merlot 2004

品酒笔记

Name of Wine 酒　名：Casa Lapostolle Merlot 2004	Date品尝日期：2013-01
Grape Varieties 葡萄品种：美乐	Price价　格：

Observations 观察	Interpretation 阐述

色 / Eyes

Color颜色：深红色	Rim边缘：稍带砖红	Core中心：黑	Depth深度：中度

Limpidity澄清度清澈浑浊　和　Brightness光泽度之明亮暗哑
Fluidity流动性之黏稠流畅　或　Bubbles呈泡性之大小多寡
Entirety整体表现之正确与否：品种、产地、类型、酒龄

深红的色泽，稍带砖红，但仍然保持颜色。

10Points扣分：0

香 / Nose

First Nose第一印象	甜甜的果味。
Primary Aroma & Bouquet 主要的、典型的香气	墨水、干花瓣、蘑菇等。依然有果味。
Flaws瑕疵香气	

香气判断

纯净度：端正、干净、邪杂、差劣
浓郁度：强烈、丰富、简单、纤弱
刺激性：刺鼻、刺激、温和、柔和
愉悦性：丰富、协调、愉悦、逸意
品种、产地类型、酒龄之整体表现®
静止、摇杯、空杯的变化及持续性®

P.Jellinek 捷里聂克香气分类法

香气发展得很好，依然保持果味，而且有变化，真是惊喜。

30Points扣分：2

味 / Mouth

均衡
Balance

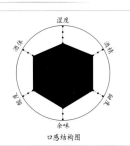

口感结构图

味道之均衡：结构感
酒质之表现：层次感
口感之充实：复杂度®

口感表现：
酸度、酒体、湿度之关系：收敛性
湿度、酒精、甜度之关系：柔和性
甜度、余味、酸度之关系：完善性
酒体之质感：粗糙、沙质、细致、细腻、精细®
风味之强度：强烈、阳刚、集中、生动、柔美
品种、产地、类型、酒龄于味道及口感之体现

入门级别的酒，竟然依然保持非常不错的可饮性，香气、口感皆没有过时之感。品种、产地特性皆清晰可鉴。年轻时对酒已经很棒，现在竟然还是那么好喝，惊讶！

35Points扣分：10
10Points扣分：2

格 / Comment

Evaluate整体评价	
整体的表现力	风格的呈现：特征
	品质的表现：质量
	色香味的完整性：圆满度
	激发情感的能力
	喜欢与否

极佳的入门级别的酒。

15Points扣分：0

Rating等级：C°⁺ B°⁺ AAA°⁺	Score得分：80	Signature签名：KU

第七节　葡萄酒的好处

葡萄酒与健康

　　食物经人体消化转换成维持生命活动所必需成分之物质，称为营养素。营养的定义，就是食物中所含的营养素经由人体消化吸收后，转变为人体能量或成为人体组织的一部分，用于人体内可促进生长发育、保持健康和修补体内组织、维持生理机能及生命的延续，这种经由人体消化吸收的过程，称为营养。食物的营养通常划分为7类，其中蛋白质、脂类和糖（碳水化合物）属于供给热能的营养素，无机盐（矿物质）、维生素、水和纤维素则属于供给机能的营养素。

　　在这些营养成分当中，水和矿物质属于无机物。身体各组织都含有水分，而且人体细胞内的化学变化皆需要在有水分的情形下进行。

　　在营养医学上有酸性食品和碱性食品之分，这并不是以口感的酸咸来决定的，而是由食物经人体的消化、吸收、代谢后，所产生的酸碱性物质

※葡萄园

的多寡来界定，亦即取决于食物所含矿物质的种类及含量多寡而定。鱼、蛋、肉类、乳类、五谷杂粮类、糖、油脂等食物含磷、氯、硫等元素多，在人体内代谢后产生硫酸、盐酸、磷酸和乳酸等酸性物质，于是便定义为酸性食物；而大多数蔬菜、水果、豆类、海藻类等食物含钙、钾、钠、镁、铁等元素较多，在体内代谢后呈现碱性，于是被定义为碱性食物。我们的人体有自我调节酸碱度（pH值）的功能，因此人体内环境基本是中性的，略偏碱性。

葡萄和葡萄酒皆属于弱碱性食品，和人类在生命长期的进化过程中形成的较为稳定的微碱性内环境相呼应，可以说葡萄酒是最亲近人体的酒类。

※葡萄酒属于弱碱性食品

※Domaine Jacques Prieur

🍷葡萄酒的成分

严格意义上的葡萄酒是由新鲜采集的葡萄榨汁发酵酿造而成，葡萄酒中含量最多的水分完全来自葡萄汁的生物纯水，纯净无瑕。而葡萄中含有的丰富矿物质，特别是微量物质如钙、镁、磷、钠、钾、氯、硫、铁、铜、铝、锌、碘、钴等，都可直接被人体吸收和利用，葡萄酒更能提高这些营养素于人体内的利用率；由于某些物质的特性，如锌，摄入过多或者过少皆能诱发癌症，葡萄和葡萄酒中锌的含量适中，特别是红葡萄酒中锌的含量最适合人体的需要。

葡萄酒中的糖是天然的葡萄糖和果糖，更易于人体吸收，可帮助消化及调节蛋白质和脂肪的新陈代谢。

组成人体内蛋白质的氨基酸已发现的有26种，葡萄酒中含有23种之多。有些氨基酸人体能够自己制造，而有些在人体内不能合成或合成速度不能满足需要，这种人体必需、要由食物供给的氨基酸已知的有8种，葡萄酒中全部存在。

葡萄酒含有多种维生素，特别是红葡萄酒中含有花色素，能激发不同类别维生素对人体的保护功能，如加速血液中胆固醇的净化，降低胆固醇含量，防止和治疗肝硬化，保持脑血细胞活跃，防止老化等。

※Château Destieux 1982

※Château Pape Clément

而葡萄酒中的酒精成分即乙醇，也完全由葡萄的天然糖分发酵而来。酒精是由碳、氢和氧元素组成，本身无害于人体。你可以不喝酒，但是你不能拒绝酒精，因为无论喝不喝酒，人体的消化系统也能够产生酒精，微量的酒精成分是我们的血液中不可少的组分。

葡萄酒的保健治疗功效

　　曾见过人家写的葡萄酒文章，写到意大利酒就有一章意大利酒与健康，写到智利酒就有一章智利酒与健康，写到法国酒也有一章法国酒与健康，我知道葡萄酒的产地可以作为一个分类，但是不知道葡萄酒原来还有类似中药、西药这样的作用分类，只不知是基于治疗功能还是保健机能了。

　　帮助消化：葡萄酒颜色鲜艳，赏心悦目，酒香迷人，引发食欲，酸甜适中而略带涩味，适量饮用既适口愉悦又能促进胃肠道的功能，有助于食物的消化和吸收，为佐餐佳品。

　　减肥作用：葡萄酒所含钾类物质具利尿作用，可防止水肿和维持体内酸碱平衡；葡萄酒的热量不高，而且酒精不经消化系统能够直接被人体吸收、消化并消耗掉，既提供了人体需要的水分和多种营养素，又不会使体

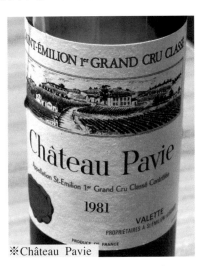

※Château Pavie

重增加，特别是红葡萄酒直接具有抑制肠道对脂肪吸收的作用。

　　防治心脑血管疾病：葡萄酒中含有较多的花色素、丹宁等酚类化合物，具有扩张血管、增强血管通透性的作用。适量饮用，可增加体内的高密度蛋白和降低血液中的胆固醇和血脂的含量，抑制氧化基的活跃性，因而能减轻动脉粥样硬化和预防心脏病。

　　而葡萄酒中还含有糖、氨基酸、维生素、矿物质等人体必不可少的营养素，既补血，又有美容、防衰老、益寿延年的效果，甚至还含有多种抗癌防癌物质。

　　葡萄酒的一个重要的观念是均衡，包括味道的均衡、口感结构的均衡。现代西方的食物学，主要从营养角度劝人不要偏食，而中国则从五味的性质来平衡饮食，讲究五味协调，认为一切食物的味道，均是由五味

的混合、此消彼长之间的配合而成，并且与我们生理机能有关。经由葡萄酒的带领，笔者从年少时候的偏饮偏食、暴饮暴食，慢慢学会多尝试不同的食物、不同的口味，通过饮食的多元化既学会如何描述葡萄的香气和口感，也带给自己味道以及营养的均衡，这些当然都是我们身体健康所必需的。

饮用葡萄酒对身体的好处，其实是源自健康且优良的生活方式。法国和丹麦的研究发现，规律饮用葡萄酒者较少抽烟，教育程度较高，饮食质量也较好，不但摄取较多的蔬果，还较常运动，身体也更加苗条。

要注意的是，饮用葡萄酒必须把握好"量"，正如16世纪瑞士医师帕拉塞尔苏斯（Paracelsus）言道："酒是食物、药物，也是毒物——其差异仅在于摄取量的多少罢了。"

※葡萄园

※葡萄酒给人带来了一种生活态度的完善

葡萄酒的好处

对我而言，葡萄酒的好处在于它给人带来了一种生活态度的完善。就好像是东坡谈佛，别人论禅譬之如饮食龙肉皆自以为至矣，而龙肉美则美矣但谁又真的吃过呢！从实用主义和功利主义的目的、从身体的利益和健康的理由说葡萄酒的好处实在是暗塞不能通其妙啊！

我们知道葡萄酒的欣赏是从一杯酒的色、香、味入手，要描述出一款葡萄酒的颜色，你必须要先进入五彩斑斓的色彩世界并学会准确的名词。无论我们自身的性格原来是怎样，闭塞、内向、自我或者开放、活泼、包容，经由葡萄酒的带领我们学会对生活周遭的观察、留意，对人、事、物的注视和关心，开阔了我们的视野。要描述出一款葡萄酒在杯中所有可能呈现出来的香味以及入口的感觉，你必须要开始接触生活中的任何事物，包括以前不喜欢的，各种的花卉、各式的食品，甚至要尝试食物之外的各种各样的东西，嗅闻并记住他们的气息，之后还要能够描述出来。

※Dominus and Napanook 2006

葡萄酒会带领我们扩大生活的接触面，以及对生活中美好事物的欣赏。葡萄酒带给我们的最重要的其实是生活态度、生活方式、生活观念的转变，以及生活情趣、生活素质、生活文化的提升。葡萄酒对我们身体以及健康的好处，那只是投之以木瓜、报之以琼瑶的附加价值，只是结果但不能作为目的，如果喝葡萄酒是为了健康的理由，那么还不如直接去看医生。

要发掘饮酒益处的最大挑战，是在于找出饮葡萄酒是否比健康饮食提供更多的益处。譬如哲学或者美学上的感悟。

中国哲学的很多概念都可以在葡萄酒的品赏过程中体现出来，比如说阴阳。葡萄酒的要义是葡萄酒是"种"出来的，好的酒来自好的葡萄。决定葡萄酒好坏的因素是地理位置、气候、土壤、葡萄园管理和酿造技术。阳，就是地面上的部分，即自然的地理与气候，包括阳光、雨水、葡萄园的坡度以及人的因素——管理和酿造；阴，指地面下的部分，即土壤的成分与组成、蓄水与排水的平衡、由葡萄树龄决定的根系的深浅、吸收养分和矿物质的能力。

而由阴阳衍生出来的对立又统一的一些观念，都能在葡萄酒中体现出来。比如说"常变"，好的酒庄出产的酒都有自己典型的风味，每一年的酒都会打上烙印并可清晰辨识出来，此之谓风格；但是因为每一年收成的

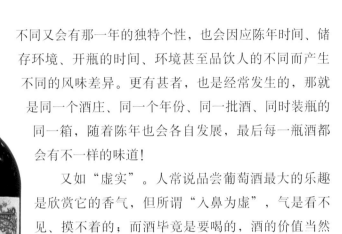

※Petrvs

不同又会有那一年的独特个性，也会因应陈年时间、储存环境、开瓶的时间、环境甚至品饮人的不同而产生不同的风味差异。更有甚者，也是经常发生的，那就是同一个酒庄、同一个年份、同一批酒、同时装瓶的同一箱，随着陈年也会各自发展，最后每一瓶酒都会有不一样的味道！

又如"虚实"。人常说品尝葡萄酒最大的乐趣是欣赏它的香气，但所谓"入鼻为虚"，气是看不见、摸不着的；而酒毕竟是要喝的，酒的价值当然"入口为实"。

葡萄酒也蕴含着"动静"两个对立面。葡萄酒的摇杯闻香为动、不摇杯为静，你也可以试试看，不摇杯和摇杯之后，酒的香气是不一样的。很多专家教人喝酒总是不停地摇杯、不自觉地摇杯，其实往往错过了香气的变化，不摇杯时香气是凝聚的，摇杯时香气则散发开来的，这又是一个对立统一的转换——聚散。

※陈年

再比如说"有无"。酒藏在瓶中为有，既是瓶之有、也为人所有，开瓶喝掉对瓶来说变无、对人来说酒也是没了但却享受了另一种形式的拥有。酒倒进杯中为有，干杯之后为无，但是我们常听说"空杯留香"，是的，我也说过这样的一句话："好酒的秘密都在空杯中"，往往酒喝完后空杯的香气比有酒时更加迷人！

更不必说酒色的明暗、冷暖，酒香的奇正、藏露，风味的曲直、浓淡，酒体的轻重、肥瘦，酒精的刚柔、宽严，味道的起伏、开合，口感的疏密、滑涩，余味的长短、徐疾……这些诸多对比形式相激相荡、交融会通，派生出葡萄酒的结构、质地、复杂感和丰富性出来，以上种种，皆可在一杯酒中体会到呢！

而葡萄酒杯，无论是以产地命名的波尔多杯、勃艮地杯，还是以葡萄品种命名的霞多丽杯、长相思杯，甚至最普通的玻璃酒杯，几乎都是郁金香的形状，内部空间都是圆形的，酒液在杯中流动婉转，从善若转圜，则属圆融完满的境界。一款酒能够在杯中体现出圆道、和谐，那正是葡萄酒的最高层次了。

虽然谈了这么多貌似哲学的问题，但是我所做的只是平实的叙述，葡萄酒并不是玄

※Domaine Weinbach

学，纪德说："奈代纳尔，我来和你谈谈我所看过的最美的花园。"这也是我想和你说的，我所看过的最美的花园正是在葡萄酒杯中！

最后要说明的是，我的书选择了很多名庄酒的图片，并非媚俗，亦非对名牌的媚谄，而是学品饮当从准确口味入门，如此而已。

当学会了品尝、熟悉了品鉴，就离开名家吧，葡萄酒最大的乐趣在于它的个性和多样性，去寻找您的最爱、去发掘你自己的保藏吧。

现在，请抛开这本书，从我的书中解脱出来吧。离开我！离开我！

我不是导师，也真的不能教别人什么，除了我自己我还能教育谁？还是让我们一起，拿起酒杯，跟随纪德的脚步吧："奈代纳尔，我将教你热忱。"

康德说过："善的理念加上情感，这便是热忱。"无论葡萄酒还是生活，我们要学的就只是热忱而已。

※凯旋门

※Aleatico葡萄

参考书目

1. 《提高生活品味之法国葡萄酒》，钟泳麟著，香港百乐门出版有限公司，1995年10月初版

2. 《酒经》，钟泳麟著，香港颖川堂出版，1997年8月初版

3. 《葡萄酒入门》（*WINE FOR BEGINNERS*），艾克哈特·苏普博士（Dr. Eckhard Supp）著，香港万里机构饮食天地出版社，1997年7月初版

4. 《进入玫瑰人生：葡萄酒漫谈》，刘钜堂著，台北宏观文化出版，1994年10月初版

5. 《法国的葡萄酒和烈酒》（*WINES AND SPIRITS OF FRANCE*），SOPEXA葡萄酒与烈酒部，刘钜堂译，香港SOPEXA出版，1993年初版

6. 《葡萄酒入门》(*COMPLETE WINE COURSE*)，Kevin Zraly著，刘钜堂译，台北联经出版社，1996年7月初版

7. 《酒类概论》，钟茂桢著，台北宏观文化出版，1995年10月初版

8. 《BAR酒水操作实务》，吴克祥、范建强编著，台北百通图书出版，1997年5月初版

9. 《饮酒的科学》，刘久年、刘仁骅编著，台北渡假出版社，1995年3月版

10. 《中华酒经》，万伟成著，台北正中书局，1997年12月初版

11. *CLASSIC WINES AND THEIR LABELS*，David Molyneux-Berry MW，DORLING KINDERSLEY LONDON，1990

12. *PARKER'S WINE BUYER'S GUIDE*，Robert M. Parker，JR.SIMON & SCHUSTER PAPERBACKS

13. *THE WORLD ATLAS OF WINE*，Hugh Johnson，SIMON & SCHUSTER，1994

14. *WINE SPECTATOR'S CALIFORNIA WINE*，James Laube，WINE SPECTATOR PRESS NEW YORK，1995

15. *MICHAEL BROADBENT'S WINE TASTING*，Michael Broadbent，NEW AND REVISED EDITION，2003

16. *MICHAEL BROADBENT'S VINTAGE WINE*，Michael Broadbent，A LITTLE BROWN/WEBSTERS BOOK，2005

17. *TASTING & GRADING WINE*，Clive S.Michelsen，JAC Internation AB，2005

18. *FOOD AND WINE PAIRING A SENSORY EXPERIENCE*，Robert J.Harrington，JOHN WILEY & SONS.INC，2007

19. *GRAPES AND WINES*，Oz Clarke & Margaret Rand，TIME WARNER BOOKS，2001，2003

20. *WINE TASTING*，Beverley Blanning MW，TEACH YOURSELF 2008，2010

21. *NOUVEL ATLAS DES GRANDS VIGNOBLES DE BOURGOGNE*，CHEVALIERS du TASTEVIN：Sylvain Pitiot，COLLECTION PIERRE POUPON，1999

22. *THE WINES OF BURGUNDY*，CHEVALIERS du TASTEVIN：Sylvain Pitiot，Jean-Charles Servant，COLLECTION PIERRE POUPON，2005

23. *UNDERSTANDING WINE TECHNOLOGY*，David Bird MW，DBQA PUBLISHING，2007

24. *THE WINES OF BURGUNDY*，Clive Coates MW，UNIVERSITY OF CALIFORNIA PRESS，2008

25.《比利时啤酒品饮与风味指南》，王鹏著，台北积木文化出版，2008年7月初版

26.《威士忌全书》，麦可·杰克森(Michael Jackson)著，姚和成译，台北积木文化出版，2007年12月初版

27.《稀世珍酿：世界百大葡萄酒》，陈新民著，台北宏观文化出版，1997年8月初版

28.《葡萄酒好喝的秘密》（*MAKING SENSE OF WINE*），马特·克拉玛(Matt Kramer)著，梁永安译，台北大地地理出版，1999年3月初版

29.《葡萄酒教父罗伯·帕克：全球品味的制定者》，艾伦·麦考伊(Elin McCoy)著，程芸译，台北财信出版，2008年7月初版

30.《百万红酒传奇》，Benjamin Wallace著，殷丽君译，台北马可孛罗文化出版，2009年9月初版

31.《1976巴黎品酒会》，George M. Taber著，刘佳奇译，台北时报出版，2007年11月初版

32.《红酒圣经》（*WINE BIBLE*），Andrew Jefford著，李雅伦译，台北星定石文化出版，2002年1月初版

33.《葡萄酒》，陈千浩著，品度股份有限公司出版，2005年版

34.《城堡里的珍酿：波尔多葡萄酒》，林裕森著，台北积木文化出版，2001

年12月初版

35.《酒瓶里的风景：布根地葡萄酒》，林裕森著，台北积木文化出版，2001年12月初版

36.《葡萄酒》，朱梅著，中央人民政府轻工业部烟酒工业管理局出版，1954年1月初版

37.《葡萄酒酿造》，朱梅著，北京轻工业出版社，1959年11月初版

38.《葡萄酒品尝学》，李华编著，科学出版社，2006年5月初版

39.《葡萄酒化学》，李华、王华、袁春龙、王树生编著，科学出版社，2008年5月版

40.《葡萄酒工艺学》，李华、王华、袁春龙、王树生编著，科学出版社，2005年5月初版

41.《永远的时尚——葡萄酒品尝》，严斌主编，云南人民出版社，2010年11月初版

42.《葡萄酒的品尝——一本专业的学习手册》，Ronald S.Jackson著，王君碧、罗梅译，黄卫东、张平、邱迪文审校，中国农业大学出版社，2009年初版

43.《白酒品酒师手册》，赖高淮编著，中国轻工业出版社，2007年4月初版

44.《中国——茶的故乡》，中国土产畜产进出口总公司编辑，香港文化教育出版社、中国土产畜产进出口总公司联合出版，1991年版

45.《中国茶道》，黄墩岩编著，彭惠倩协助，林启三、叶荣裕、詹勋华审校，台北畅文出版社，1995年5月版

46.《潮州工夫茶概论》，陈香白著，汕头大学出版社，1997年7月初版

47.《中国名茶》，庄晚芳、唐庆忠、唐力新、陈文怀、王家斌著，浙江人民出版社，1979年9月初版

48.《世界咖啡饮料大全》，柄沢和雄（日本）著，香港万里机构饮食天地出版社，2001年1月初版

49.《ESPRESSO义大利咖啡实验室》，蔡瑞麟、林世昀著，北商智文化出版，1998年3月初版

50.《品味手卷雪茄的魅力》，Anwer Bati著，黄小萍译，王琦玉审定，台北麦克出版，1998年8月初版

51.《没接吻的时候，我抽雪茄》，陈总义著，台北永中国际出版，1998年12月出版

52.《感官之旅》（A NATURAL HISTORY OF THE SENSES），黛安·艾克曼

(Diane Ackerman)著，庄安祺译，台北时报文化出版，1993年初版

53.《嗜好／爱情》，北川若瑟著，台北红色文化出版，1999年3月初版

54.《欧洲饮食文化：吃吃喝喝五千年》，Gunther Hirschfelder著，张志成译，台北左岸文化出版，2009年1月初版

55.《餐桌上的风景》，Linda Civitello著，邱文宝译，台北三言社出版，2008年初版

56.《论色彩》，维根斯坦(Ludwig Wittgensrein)著，蔡政宏译，台北桂冠图书，2005年2月初版

5.《鼻子：勾勒性与美的曲线》，Gabrielle Glaser著，许琼莹译，台北时报文化，2004年5月初版

58.《嗅觉密码：记忆和欲望的语言》，Piet Vroon， Anton van Amerongen， Hans de Vries著，洪慧娟译，台北商周出版，2001年3月初版

59.《气味》，Annick Le Guerer著，黄忠荣译，台北边城出版，2005年11月初版

60.《香水的感观之旅：鉴赏与深度运用》，Mandy Aftel著，邱维珍译，台北商周出版，2002年12月初版

61.《香料香精应用基础》，李明、王培义、田怀香编著，中国纺织出版社，2010年2月初版

62.《甜与权力》，西敏司著，王超、朱建刚译，商务印书馆，2010年5月初版

63.《地粮新粮》，纪德（Andre Gide）著，华榕桂译，台北志文出版社，1990年12月版

64.《美学史》，鲍桑葵著，张今译，北京商务印书馆，1985年初版

65.《符号学历险》，罗兰·巴特（Roland Barthes）著，李幼蒸译，中国人民大学出版社，2008年1月初版

66.《明室——摄影纵横谈》，罗兰·巴特（Roland Barthes）著，赵克非译，文化艺术出版社，2003年1月初版

67.《写作的零度——结构主义文学理论文选》，罗兰·巴特（Roland Barthes）著，李幼蒸译，台北桂冠图书，1998年2月初版

68.《康德：判断力批判》，康德著，牟宗三译，西北大学出版社，2008年4月初版

69.《判断力批判（注释本）》，康德著，李秋零译，中国人民大学出版社，2011年7月初版

70.《康德美学导论》，曹峻峰著，台北水牛图书出版，2003年版

71.《艺术的意味》，莫里茨·盖格尔著，艾彦译，译林出版社，2012年1月初版

72.《审美学》（修订版），胡家祥著，北京大学出版社，2010年3月版

73.《会饮篇》，柏拉图著，王晓朝译，台北左岸文化出版，2007年3月初版

74.《文学批评术语》，Frank Lentricchia & Thomas McLaughlin编，张金媛等译，香港牛津大学出版社，1994年版

75.《中国文学审美命题研究》，詹杭伦著，香港大学出版社，2010年版

76.《中国文学之美学精神》，叶太平著，台北水牛出版社，1998年7月初版

77.《语言与神话》，恩斯特.卡西勒（Ernst Cassirer）著，于晓译，台北桂冠图书出版，1998年2月版

78.《框架内外：艺术、文类与符号疆界》，刘纪蕙主编，台北立绪文化出版，1999年12月初版

79.《从钟嵘诗品到司空诗品》，萧水顺著，台北文史哲出版社，1993年2月初版

80.《苏轼文集》（全六册），孔凡礼点校，中华书局出版，1986年3月初版

最后，感谢廿年来我所喝过的所有的酒和他们的酿酒师并把酒与吾所共适的所有朋友！